1年で成果を出す P&G式10の習慣

大是文化

P&G工作術

高手這樣練成

一句話、一張A4紙，一年就從全身菜味，
提升為《財富》雜誌評比世界第一流的人才。

參與SK-II、幫寶適品牌宣傳
獲得 P&G 最優秀員工獎
杉浦莉起——著
羅淑慧——譯

CONTENTS

推薦序一

用對力氣、聰明努力，你能擁有更好的工作與生活體驗

職人簡報與商業思維專家／劉奕酉

許多人覺得，工作與生活無法兼顧，我也曾經這樣深信著。

初入職場時，為了能在工作上有更好的表現，獲得主管與同事的認同，我投入了大量的時間在工作上，甚至犧牲了生活休閒與人際互動，只為了有更好的工作表現。幾年下來，我的確獲得了大幅成長與工作上的肯定，但換來的是更多的挑戰，也犧牲了個人時間，這不僅僅影響到我的生活品質，也連帶影響到工作表現。

我只是想努力保持工作與生活的平衡，但結果兩樣都做不好。直到我開始接觸時

間管理的技巧之後，情況才開始逐漸好轉。我發現要做好時間管理，不只是要提升效率、更要提升效能，才能真正發揮「管理」的成效。

提升效率，是如何把事做對，減少不必要的時間浪費；提升效能，則是如何做對的事，減少不必要的時間投入。

做對的事，再把事做對才有意義，我想是這本書所要傳達的概念。

我相當認同作者所說的，時間管理的重要關鍵，在於要具有「自己的時間主人就是自己」這樣的所有權與責任感。能夠管理個人時間的只有自己，在追求工作、生活平衡時，往往會傾向於時間的平衡，而忽略了更重要的品質。

因此，在P&G裡，不使用「工作生活平衡」（Work Life Balance）這樣的說法，而是倡導「更好的工作和生活管理」（Better Work & Better Life Management）的時間管理方式。

而本書提到標準化的工作術，可以說是作者在這樣的企業文化下，所學習到的技巧，也是她多年來能持續拿出完美成果的祕訣：從改變工作與生活上的「質」出發，進而擁有更好的工作和生活管理的每一天。

要達成更好的工作和生活管理的兩個關鍵是，設定工作與生活的各自目的，以目的為優先，並安排時間。這樣的觀念所帶來最大的效果，就是清楚區隔出「應該做」的事，與「不需要」的事，讓優先順序更加明確，時間管理也會更加順利。

如此一來，不論在工作或生活上，都有餘裕去安排自己的時間，從容面對各項挑戰，不只是完成、更能拿出完美表現。

在閱讀這本書的過程中，我受益不少，也歸納出三個重點：

1. 改變語言：先處理心情、再解決事情，往往更能事半功倍。
2. 改變想法：以終為始，從目的與目標受眾，來思考完成一件事的有效方法。
3. 改變行動：用對方法，就能同時提升時間管理的效率與效能。

具體的思維與技巧，各位都可以從書中找到，並獲得更多的啟發。正如作者在最後所說的，「任何人都可以成為在工作及私人方面都成功的人」。

我相信你也可以。

推薦序二

吸取能帶走的能力，創造屬於自己的價值

職場、社群觀察家／侯智薰

此書是作者整理她曾在P&G跨國消費日用品公司的工作故事，以及學到的職場工作術。

在閱讀的過程中，讓我想起上一份工作，是在北京的運動互聯網公司 Keep。Keep 是一間由 App 起家，之後發展出運動服飾和飲食商品的品牌電商。除了智能硬體，如手環、跑步機和筋膜槍，也發展了實體健身房，更舉辦各類運動賽事。

我剛入職的那段日子，就像作者在開篇所描繪的震撼經驗一樣。可能是臺灣還

沒具有完整體系的互聯網公司，畢竟我們大多的商業行為，都是建立在 Facebook 或 Google 的服務上。

但在中國，他們的商業服務，都是建立在自己的生態裡，Keep 首要的目標，就是讓用戶想到「運動」這個關鍵字時，不會去搜尋引擎或者社群網站上搜尋，而是直接想到要進入該企業的 App 裡，接著被引導，或者輸入關鍵字搜尋。

這樣的商業生態，使得「目標思維」，成為 Keep 所有行事準則的核心，用戶的需求，也是該企業下判斷時的第一考量，跟作者所分享的 P＆G 公司的思維，算是挺有共鳴的。

不過這也是我好奇的地方，因為市面上很多公司往往說得滿嘴好話，實際上卻是以老闆的目標為目標、以股東的需求為需求，把用戶放第二，把員工放第三。

坦白說，我從第一章開始，就是抱著懷疑的心情在看本書，我心中的問題是：「為什麼消費日用品公司，可以做到這樣的文化？」

不過我並沒有看不起不同的業態，而是因為消費日用品，能從用戶獲取的數據有限，不像網路服務，能從用戶的行為軌跡、時長還有用戶背景輪廓去疊合分析，哪一群人，在哪個階段，可能遇到了什麼問題？而日用品若要做A／B測試（按：一種透過分析使用者經驗，來優化的方式）的成本也很高，那該怎麼去判斷這是用戶真正的需求，或只是企業單方面猜想的需求？

沒想到作者運用一個又一個歷歷在目的故事，從會議、合作案，再到意見回饋等，幾乎是我們在職場中會遇到的各式場景，讓我由衷佩服這間公司，這文化確實值得我們自省和學習。

本書看似是一本工具書，但我更覺得它是從故事和場景出發，讓我們知道在不同的情境下，原來還有不同種的思考和應對方式。

最後，我想說，我寫這段推薦序的「目的」是什麼。讓你對這本書更有興趣、給出版社的夥伴一個交代，這些都只是結果。

對我來說，目的是檢視自己過去的工作方式，思考哪些能力是可以帶著走的，而不只限制於特定公司的環境裡。

這也是為什麼我會持續寫作，甚至開始經營 Podcast 節目《雷蒙三十》，如同作者一樣，她在P&G磨練後，將這些能力帶走並創辦了自己的公司，成為價值創造者，將工作和生活個人化。

我相信現在已經是個體崛起時代，我們都要能從工作和生活上，去吸取那些可以帶著走的能力，而我認為這本書，就是一個好的參考和素材，推薦給你。

自序
出自P&G的人，各行各業爭相挖角

初次見面，或是，好久不見！我是杉浦莉起。

時間過得真快，二〇一三年出版這本書到現在，已經過了五年（按：本書於二〇一八年，在日本重製出版文庫版本）。我不管在公事或是私事上，都有了許多改變。

現在的我，以 DELICE 公司負責人兼品牌價值創造者的身分，為企業提供領導力、女性職業培訓，及品牌推廣與營銷傳播諮詢的服務，除此之外，我還建立了調整女性肌膚平衡的保養品品牌「The LADY」，同時也應許多讀者的要求，開始舉辦個人研討會，實現了許多自己一直想做的事情。

我還藉著新書《成為總是做出「最佳」選擇的人，不後悔的「選擇」課程》（按：日文原文書名：いつでも「最良」を選べる人になる～後悔しない「選び方」

のレッスン，Discover 21）發行的機會，把名字的漢字寫法，從里多改成莉起（發音不變，仍是 RITA），同時還加上了「工作&生活本質主義者」這樣的稱號。這算是一種變化吧。

我會有這些變化，大部分都來自於這本書所帶來的各種因緣際會。「因為這是公司讀書會所指定的書，所以我就來參加研討會，希望接受老師的指導。」有些人是因為如此，而專程來參加社外研討會。

真的有許多企業為了學習「P&G工作術」，委託我培訓或諮詢。P&G工作術之所以受到如此大力的好評與支持，最重要的關鍵就在於，最近離開P&G的前輩或同事們在職場上的卓越表現，讓各行各業爭相挖角。就算業界或領域完全不同，他們卓越的成就仍然令人神往。

不管是現在 Facebook Japan 的社長，還是在旅遊網站貓途鷹（TripAdvisor）「二〇一八年日本主題樂園排行榜」中，超越迪士尼的日本環球影城（USJ），以及麥當勞、麒麟啤酒、樂天、可口可樂、資生堂、雲雀國際（SKYLARK GROUP）、嬌生公司（Johnson & Johnson）、上島珈琲店、默沙東藥廠（MSD）、優衣庫

（UNIQLO）等，這些挽回劣勢，或是令人耳目一新的公司，全都有P＆G培訓出的人才，因此，P＆G才會被世界譽為人才輩出的企業。

日本首屈一指的某大企業，曾有年輕員工說服公司內部高層，邀請我協助內部員工培訓。對方表示：「本公司希望導入P＆G『以客為尊』的商品開發技巧，還有市場行銷的觀念，請擔任我們公司的顧問。」

後來，這些員工在上我的課時，認真思考自家企業如何成長、積極推動公司內部發展，懷抱著衝勁。我可以和他們一起挑戰、定睛看準AI（人工智慧）時代的未來，真的是非常令人興奮的事。

但是，那段期間的進展並不順利。那時我懷上第二胎，並在懷孕期間住院，迫使我不得不取消所有工作，等於是一切從零開始！當然，我至今仍一邊撫養兩個幼子，一邊在有限的時間裡，推動先前提出的活動。

現在是工作和生活都十分自由的時代。我們必須以人生百年時代[1]為出發點，

1　人類壽命達百歲。

一邊發揮、琢磨個人實力，一邊轉變工作和生活。最終目標不是平衡工作與生活，而是工作與生活個人化！

衷心期待大家都能做出對自己最好的選擇，在工作和生活上都能做出一番成績、有所成長，擁有完美工作、完美生活的每一天。只要大家能有效運用P&G工作術，那便是我無盡的喜悅。

前言

P&G工作術，創造世界第一

幫寶適（Pampers）、ＪＯＹ洗碗精、碧浪（Ariel）、風倍清（Febreze）、潘婷（Pantene）、蜜絲佛陀（Max Factor）、SK-II、好自在（Whisper）……就算沒聽過P&G這間公司，但是，只要聽到這些品牌，很多人應該都覺得耳熟吧？

P&G是間總公司在美國的日用品雜貨製造商，營業額約六百七十多億美元[2]（二〇一九年總營收），總市值高達兩兆八千億美元[3]（豐田的總市值是新臺幣六兆三千多億元），擁有多達二十五個價值十億美元[4]的品牌，是全球規模最大的

2 大約新臺幣一兆九千九百萬元。
3 大約新臺幣八十五兆元。
4 大約新臺幣兩百九十七億元。

消費品製造商。

P&G不光只有驚人的營業額，「員工能力第一」更是其出色的特點。美國《財富》（*Fortune*）商業雜誌，曾將P&G的員工能力評選為全球排名第一。在《執行長雜誌》（*Chief Executive*）中，P&G以領導卓越企業登上排行榜第一名（二〇一二年），除此之外，在《財富》雜誌的「全球最受讚賞的企業」排行榜、《巴倫周刊》（*Barron's*）的「全球最受尊敬的企業」排行榜中，也獲得許多獎賞，在人才培育上享有極高聲譽。

另外，奇異（GE）、微軟、迪士尼等，世界知名企業的幹部和社長，有許多都是P&G出身。也就是說，P&G是間規模居世界之冠的人才企業。

P&G並不會從其他公司挖角優秀員工，他們重視社會新鮮人，將內部員工培訓成主管的企業文化，早已在公司內部根深柢固。在重視社會新鮮人的P&G裡面，我是十分少見的空降部隊。當時，保養品部門是P&G當中後勢看漲的績優股，為了能在市場行銷活動中更進一步宣傳，他們便找上了之前從事相同工作的我。

我之前是LVMH（Moët Hennessy Louis Vuitton，酩悅・軒尼詩—路易・威登集

團）日本，其法國時尚品牌、老字號高級珠寶品牌的經理。在品牌創造的領域當中，這個世界一流的工作頭銜令我十分自豪。「好吧！就讓我來傳授你們專業知識吧！」我就帶著這樣高傲的態度，進了P＆G的市場行銷部門。

原本我是打算以黑馬之姿粉墨登場，結果……那個想法在進公司的第一天就被打碎了，「失敗了！」我感到非常後悔。

我被那些不同於以往的企業文化、機制、語言用法澈底打敗，別說是黑馬之姿，我感覺自己就跟個流浪漢沒兩樣。進公司的第一個月，幾乎每天都在煩惱著該不該辭職。可是，即使如此，我還是決定留下來，因為我在轉職時就已經下定決心，這份工作至少要堅持三年。

進入P＆G之後，最令我驚訝的，是每個員工的能力都十分出色且平均，就像是金太郎飴[5]那樣，不管怎麼切，橫斷面永遠都長得一樣。然後，我發現大家都有十分明確的成功法則，正因如此，才能讓完全沒有業務經驗的新進員工，迅速培養出領

5　日本江戶時代流行的一種糖果。

導力，並且在一年內拿出成果。

我想知道他們的員工成為世界最高水準的祕密，同時，我也想學習那個祕密。於是，我便以學習者的角度，客觀的觀察P&G的優點。有時，新人認為理所當然的事情會令我感到意外；有時，我會發現他們正在做在其他公司絕對不可能做的事情……我看到了這間公司，與其他公司不同的地方。

我得到的結論是，在P&G裡，在每個人的語言、想法、行動當中，都有著國際標準化的習慣。

那是P&G為了讓所有人都能夠學習，而把這一百七十五年來，成功在一百八十個國家拓展業務的專業知識，彙整成「拿出最佳成果的習慣」。P&G工作術是創造世界第一企業、世界第一人才的祕訣。對於中途加入公司的我來說，養成這種習慣，就像是全面改寫之前工作的做法、步驟。

原本我所主管的部門，就像個遭到遺棄的流浪漢，結果，我在一年內實現了遠超出目標的二位數成長。不僅在每個會計年度的期末，受到公司內部表揚，負責的商品也被雜誌選為最優秀獎，甚至，我還獲得最優秀員工獎（Recognition Share）。

P&G的總員工人數約有十二萬六千人，只有不到二%的員工能夠獲得這項殊榮。

這些成果全都來自唯有P&G員工才有的、在有意無意之間所培養起來的習慣。這些習慣一點都不難，即便是社會新鮮人也能夠學會，還同時具有執行力，因此馬上就能拿出成果。當然，若要形成習慣，最重要的關鍵就是有意識且持續實行。

衷心期待各位讀者也能夠有效運用P&G工作術，在工作和生活上做出一番成績、有所成長，擁有更好的工作和生活管理的每一天。

第一章

P&G的口頭禪，成就世界第一

1 見面第一句先問：「你的目的是什麼？」

在P&G裡面，不論做什麼事情，都會先聽到：「你的目的是？」這句話幾乎是員工們的口頭禪。任何計畫都必須先有明確的目的，以便隨時回答問題。為了讓大家徹底了解那種情況，我經常在演講上分享，我進入公司十五分鐘後的震撼教育事件。

先決定目的，再採取行動

我進入P&G的時候，公司內部幾乎沒有空降部隊（P&G本身的文化是培育社會新鮮人、內部晉升），因此，迎接空降部隊的機制和環境並不完善。當時P&G正值行政部門委外承包時期，所以我第一天上班時，完全沒有半個人事總務人員提供協助。事前只有告知我，報到的地點位於神戶的P&G日本總公司。

「到公司之後，請跟服務臺說主管的名字，然後直接上二十一樓。」說是這麼說，但服務臺前並沒有助理人員前來迎接。我就在連電梯怎麼操作都不知道（不是按上下的箭頭，而是直接按樓層數的那種電梯）的情況下，慌慌張張的鑽進電梯，然後，在全是外國人的小小空間裡，我被英文包圍，「這裡是日本沒錯吧？」超乎想像的國際氣氛，令我心生膽怯。

踏出電梯，來到二十一樓之後，也沒有任何人來迎接，而我也不知道該怎麼打開設有安全系統的門。等我好不容易走進辦公室，卻沒有半點歡迎新人的氣氛。來回穿梭的忙碌人群裡面，也沒有半張我熟悉的面孔。

即便我這張陌生的臉孔，不安的環顧著四周，仍沒有半個人主動上前招呼。而且，主管事前只在電子郵件裡面交代：「抱歉，第一天上班卻沒辦法招呼妳。我必須出席一個會議，所以上午不在。辦公室裡應該有空位，請妳先坐在那。」

可是，我怎麼可能知道哪個座位是空的！

如果是過去自己待過的那個高級名牌世界，應該會有人事部人員或主管，全程陪同在側，然後把自己介紹給部門員工，受到熱烈歡迎，同時還會準備優雅的迎賓午餐，P&G這間公司這種截然不同的情況，令我相當愕然。不安和驚訝，讓我的腦袋陷入瘋狂狀態。

十五分鐘後的震撼教育

就在不安即將轉變成憤怒的時候，我突然鬆了一口氣。因為我看到了一張熟悉的面孔，在進公司之前，我們曾彼此介紹過。

我像是抓住一根救命稻草似的，出聲喊住她：「好久不見。我是杉浦，今天來這裡報到。抱歉，打擾一下，方便請教些問題嗎？」

我想我的說話方式應該非常普通而且有禮貌，沒想到她回我這麼一句話：「談話的目的是什麼？需要幾分鐘？」

我頓時傻眼！目的是什麼？我應該有跟她說，我有事情想請教她吧？這樣的表達還不夠嗎？我應該有跟她說，打擾一下吧？打擾一下的意思，應該就是兩、三分鐘吧？我的講話方式很普通吧？為了表示歉意，我講話的方式應該很有禮貌吧？她應該沒有生氣吧？面對幾乎第一次見面的人，說話會那麼直接嗎？

雖然幾乎嚇得說不出話，不過，我還是在對方的逼迫下，硬是擠出了一些話。過去，不管再怎麼忙，只要有人主動攀談，我一定會笑臉相迎，對於一向重視優雅的我來說，那麼直接的提問，該是多麼令人震撼的文化衝擊！我至今仍記憶猶新。

行動前釐清目的的三大好處

老實說，剛開始我實在很難接受這種文化。可是，P&G將「目的就是一切」的文化，貫徹得十分澈底。

實施任何專案、企劃時，大家都會問：「目的是什麼？」找主管諮詢、討論時，他們會問：「目的是什麼？你對我有什麼期待？」會議開始時，也會提問：「這個會議的目的是什麼？希望得到什麼結論？」就像全員大合唱一般。

不管做什麼事，都會先確認目的，採取任何行動前，都要先讓對方表明目的。在所有工作都必須確認目的的過程當中，我自己也逐漸感受到確認目的所帶來的效果。

我深刻感受到釐清目的的三大好處：

1. 好好整理自己的思緒。
2. 取捨自己該做些什麼，進一步提升效率。
3. 逼迫自己努力思考該怎麼做才能達成目的，自然就能拿出成果。

釐清目的可以避免無謂行動，同時更容易帶出成果。

找主管談話之前，先想想目的是什麼；開會之前，先想想目的是什麼；編寫資料之前，先想想目的是什麼——企圖採取某些行動之前，請先試著問自己：「採取那個行動的目的是什麼？」

現在，「你的目的是？」就是我的口頭禪。

欲望清楚，才能維持高度動機

「你的目的是？」被人這樣反問是很恐怖的。為了避免被人問、為了能夠自己主動表達「目的是……」，就要養成釐清目的的習慣，把它當成最基本的準備工作。

例如，向主管提問的時候，「關於提交給部長的文件內容，我想聽聽您的意見，是否能占用您十五分鐘的時間？這份文件的目的，是希望部長能夠認同A案件。」釐清目的，就是清楚表達最終可獲得的結果，或是希望得到的結果。目的等同於欲望，越是清楚表達欲望，越能夠維持高度動機。

若是一個團隊或部門，就是讓團隊共同的欲望更加清楚、具體，如此就能讓整個團隊的能量，一致筆直的朝向目標。那種欲望能量，能讓人在短期內拿出最佳成果。

要求對方的動作要簡單扼要

傳達促使他人行動的目的時，要做到淺顯易懂。這裡的淺顯易懂有兩個含意：一是讓對方了解自己應該做些什麼、應該採取什麼行動。這是為了確認自己是否有明確表示希望對方做些什麼。

二是慎選遣詞用字，避免對方的理解和自己的理解產生落差。採用任何人都能理解的說法，即可避免價值觀有所扭曲或誤解。

就從上面兩個觀點來回顧一下前面提到的故事吧！

我提出的問題是，「可以請教一下嗎？」這種說法並沒有明確表達，我希望對方做什麼。另外，從對方的角度來看，這是個模棱兩可的要求。因為對方不知道自己是否能夠回答、是否值得犧牲自己忙碌的時間幫忙處理問題，又或者搞不好還有其他人更適合。

如果是現在的我，應該會這麼問：「我是杉浦，今天來這裡報到。可是主管不在，我也不知道座位在哪。抱歉，可以占用妳兩分鐘，麻煩妳幫忙一下嗎？」

若要得到希望的結果，就應該讓目的淺顯易懂，讓對方知道該做些什麼，才是最重要的事情。

回歸目的，減少分歧與爭論

專案負責人聚集在一起，討論具體方案時，談話的內容往往會集中在細節上面，導致忽略原本的目的。

例如，討論雜誌廣告企劃的時候：

「背景顏色應該更深一點，比較符合商品形象吧？」

「不行，這樣會削弱照片的衝擊性。」

「標題是本次商品的關鍵，我希望能進一步強調，就算縮小照片也沒關係。」

「不，把照片放大，比較容易傳達出特色。」

「商品包裝只刊載一種嗎？店鋪裡面有全系列包裝，所以我還是希望以全系列包裝來吸引顧客目光。」

眾人基於各自的立場、感覺和價值觀而導致意見分歧，怎麼樣都得不出結論。

這個時候，只要說出：「我們的目的是什麼？」透過這個問題，就可以化解掉糾纏不休的爭執，原本看不到解決方案的問題或課題，就會變得簡單。

我在公司負責統籌多個品牌，從商品開發到宣傳海報、風險管理的所有溝通策略，所以經常以第三方的角度召開會議。

在會議中途，我至少詢問三次目的：

「等等、等等，專案的目的是什麼？」

「這個會議的目的是什麼？」

「那是基於什麼目的？」

這次雜誌廣告的目的是，透過全新改裝的洗衣精包裝，來傳達商品更輕鬆使用的訴求。結果，小組協議後決定，「最值得展現的，是一眼就能看出洗衣精容易倒出且不會滴落的包裝照片，以及女性輕鬆使用的氛圍。整體的形象、顏色也十分明亮」。

聚集在會議上的成員，每個人的立場、想法都不同，希望達成的事情也不一樣。

例如，美術創意希望製作出美麗的圖畫；市場行銷希望盡可能把商品放大；而對業務來說，光是找名人代言，多個能與顧客暢談的新聞話題，就十分令人開心了。

成員們針對各自的目的提出異議，會讓彼此的想法相互碰撞、產生衝突，遲遲看不到目標，自然很難達成協議、得到結論。原因就在於，沒有確認小組本身的目的，並且彼此共享。

討論的時候，要隨時確認目的，這是P&G會議的鐵則。而在遲遲得不到結論的時候，就要告訴彼此，再次回歸目的，重新思考一下吧！

「目的是什麼？」看似簡單的一句話，在會議上卻受用無窮。

目的是否與「使命」背道而馳？

前面已經陳述過目的的重要性了，而在設定目的的時，必須避免和公司的「使命」產生落差。使命，也就是企業應該完成的任務，對員工來說，使命就是所有判斷和行動的軸心。

迪士尼「為遊客帶來幸福」的使命，和麗思卡爾頓酒店的信條卡（Credo，將經營理念製作成卡片，隨身攜帶）十分有名，P&G和這些企業一樣，也是堅持貫徹使命的知名公司。

那麼，P&G的使命為何？那就是「消費者即老闆，一切都是為了消費者」，也就是貫徹顧客導向（Customer Oriented）。如果說迪士尼、麗思卡爾頓酒店是透過服務，來實現他們的待客之道，那麼，P&G就是靠商品來滿足顧客需求。

這個顧客導向，被進一步定義為PVP：Purpose（目的）；Values（價值觀）；Principles（行動原則），這便是P&G的企業理念（見下頁圖）。

P&G在全球約有十二萬六千名員工，而我敢斷言，所有員工的價值觀絕對是相同的，這就是使命所擁有的驚人力量。

在P&G裡面，社長、經營團隊當然不用說，所有員工不管在任何場合，都會秉持著這樣的使命和PVP。這種貫徹使命的態度，早已經滲透進員工們平常工作的各個角落，並且被澈底實行。

「消費者會怎麼想？」、「對消費者有什麼好處？」、「消費者的心聲是什

成為 P&G 員工活動原點的「企業理念」

企業理念
（PVP）

企業目的（PURPOSE）

我們提供優質且超值的 P&G 品牌產品與服務，為現在乃至於未來的全球消費者提高生活品質。其結果將促使消費者，為我們帶來絕佳的利益與市場價值，進而為員工、股東，乃至於我們所居住的地區、社會，帶來繁榮與興盛。

共享價值觀（VALUES）

P&G 由引導員工與其生活方式的價值觀所構成。我們廣納採用全球各地的優秀人才。我們依照內部晉升推動組織的機制，並根據個人業績，給予員工晉升的機會與獎勵。我們隨時秉持著，員工是公司最重要的資產的信念而採取行動。

共享價值觀

- 誠實
- 領導力
- 工作擁有權（ownership）
- 積極求勝
- 信任

行動原則（PRINCIPLES）

以下是由企業目的及共享價值觀，所衍生出的員工行動原則。

- 我們尊重所有人。
- 公司與個人利益難以分割。
- 我們以策略且重要的工作為重點。
- 創新是我們成功的基石。
- 我們重視公司外部的狀況。
- 我們將個人的專業能力視為價值。
- 我們力求完美。
- 相互扶持是我們的信條。

麼？」、「消費者會開心嗎？」、「那個判斷是否符合PVP的方針？」、「那會是為消費者設想的正確選擇嗎？」不管是在商品開發、市場行銷，又或者是危機管理的現場，耳邊所聽到的字句，永遠三句不離消費者。

心中有使命，就能推翻荒謬點子

有這樣一段故事。

為了提升 Crest 牙膏的營業額，眾人一起討論策略時，某品牌副理提出了這樣的方案：「把軟管的開口加大如何？只要每次多擠出一點，就可以更快用完，購買次數就會增加吧？」

當然，這個方案馬上就被一句話推翻：「那種做法對消費者有什麼好處？」甚至連搬上檯面討論的機會都沒有。

使命是規範一切思考和行動的主軸。正因為「消費者就是老闆，一切都是為了消費者」的顧客導向觀念，早已經滲透到每個人的心裡，所以不論何時、何地，由誰執行，每個人都能夠毫不猶豫的，以相同的判斷，做出相同的決定。

正因為忠於使命，才能成為有軸心的公司、有軸心的人。如果公司沒有設定使命，那就自行創建小組的使命，或是個人的使命吧！例如，從事這份工作是為了什麼？自己的工作（優點）如何對公司或社會做出貢獻？請先試著從這個部分開始。

即便是已經擁有使命的公司也一樣，光有使命還不夠，每一個人都必須確實了解共享使命的真正含意，並加以宣揚。然後，和目的一樣，平日也必須經常確認：「我們的使命是什麼？」

設定目標值，使目的更加明確

在P&G裡面，必定要連同目的一起設定目標值（數字）。相對於目的（Objective），目標值被稱為目標（Goal），這兩個詞經常都是成對思考。例如，目的是成為「市場第一」，目標則是「獲得三〇%以上的市占率」；目的是「增加回購」，那目標就是「回購率達到四〇%以上」。

P&G的使命是「消費者就是老闆，一切都是為了消費者」，這句話也包含了「被消費者選擇，想持續在市場獲勝」的含意。也就是說，公司的目的，與銷售額相關的數字，有著密不可分的關係。另外，數字也有「使目的價值相同」的作用。

以數字為基準的目標指標，對任何人來說都是一樣的。例如，以大幅成長來說，每個人對大幅的定義各不相同，但如果明確設定「一百萬日圓」[6]的目標值，對任何人來說，都是一百萬日圓。

有了目標之後，就可以讓小組的動機更加強烈、一致。例如，如果把P&G的使命「一切都是為了消費者」翻譯成目標的話，就等於是「讓全球七十六億人口使用P&G的商品」。

P&G的前執行長鮑伯．麥唐納（Bob McDonald）曾嚴肅的說過：「目前只有四十六億人使用我們的商品。我一直在思考，該怎麼做，才能讓全球七十六億人口都使用P&G的商品。」正因為P&G所揭露出的最終目標值是全球七十六億人口，

6　大約新臺幣二十七萬元。

所以才會制定出逐步向上攀登的長期與短期目標。然後依照那些目標，在全世界擴展銷售據點（現在約一百八十個國家），穩定增加營業額，從二〇〇〇年開始，在十年內，使營業額擴大了近兩倍之多。

首先要有目標數字

舉辦員工教育訓練時，不管是市場行銷課程，或是提升能力培訓課程，我都會特別說明目的和目標數字的重要性，並進一步強調，兩者都是缺一不可的重要項目。只要把兩者放在一起，就能夠深刻體會到兩者所擁有的強大力量。

某大型企業的男性資深員工，在課後興奮的跑來跟我說：「妳說得一點都沒錯！原來目的是那麼重要的事情。我這下總算了解了。

「就像妳知道的，我的公司是間大公司，從新進員工開始，公司就有十分完善的培訓課程。當然，公司也有辦過市場行銷的課程，可是，老一輩的人只會說些傳統的邏輯性理論，對身在職場的我們來說，真的很難理解。所以我打算用自己的方式，向其他公司學習，也打算看一些電視或雜誌等媒體上介紹的成功事例。

「前幾天，我看見有個介紹P＆G的節目，我當時心想，或許P＆G的成功案例可以解決我心中的疑惑，結果，節目內容全都是些促銷、推廣的話題。節目的結尾總結是：『這就是把消費者擺在第一位所帶來的結果』。

「我很清楚，顧客導向是最重要的事情。可是，光是那樣，還是沒辦法獲得穩健成長的營業額吧？

「但就如妳所說，首先，要先有目標數字。我長年以來的疑問，終於在今天豁然開朗了！謝謝妳。」

因為有目的、明確的目標數字，所以能以達成目標數字為目標。目標不是「如果可以成功該有多好」，而是一定要達成。目標必須是能夠達成的現實數字才行。目標數字，是由有依據的數字所堆疊建構而成。能夠達成的目標數字，可以讓任何人接納，同時產生積極進取的動力。順道一提，在P＆G裡面，除了目標值之外，還會進一步設定成延伸性目標（Stretch Goal），例如，目標是比去年成長一〇五％，延伸性目標則是比去年成長一一〇％。

運動也是一樣，負重越大，越能鍛鍊身體，使之成長。假設自己有辦法做十次伏地挺身，而把十次設成最終目標的話，結果可能只有做十次，或不到十次。但如果以十二次為最終目標的話，十次就會變成一個階段，便能提升做完十次的機率，最後還可能做完十二次。也就是說，必須達成的是目標，而最終目標則是延伸性目標。

公開與共享數字，讓一切有意義

某企業決定開創新事業，並委託我的公司（DELICE），負責舉辦市場行銷研習課程和擔任顧問。那是一家非常認真的企業，員工會經常確認使命和業務目的。當然，新業務部門也已設定好目的。因此，在我提出：「目的是什麼？」時，大家馬上大聲且口徑一致的回答：「在一年內推出熱銷商品。」

我繼續問：「熱銷商品是什麼？要達到多少銷量，才算熱銷？」結果，大家都沒有答案。因為他們並沒有澈底設定目標值。這代表，大家完全不知道該以什麼為目標，還有為了達成目標，應該付出多少資金、勞力、要創造多少種商品，且在哪裡販售才恰當。結果，不管大家做什麼都不會有成就感，也逐漸喪失衝勁！

某大型企業也曾找我諮詢，「明明營業額大幅下降，卻感受不到員工想努力振作。甚至部長等級的主管，也不會跟部屬討論公司的願景或是策略。」我認為這種情況的最主要原因，是沒有向員工披露數字。

多少營業額算業績下滑？各部門的營業額有多少？在哪裡投注心力，可以提升營業利益？這些部分只能透過數字去看。唯有數字，才能讓任何人都一目瞭然，同時又能夠充分傳達訊息。

如果沒有加以公開數字的話，就算上級主管把情況講得再怎麼嚴重，仍然無法把實際情況具體的傳達給員工，而部長層級的主管也很難擬定策略。

雖說公開數字十分重要，但如果數字本身不具有任何意義，自然也就不具有說服力。因此，數字必須有所依據。最重要的是，鎖定的目的和具體的目標值，應該同時公開。只要清楚公開這兩個項目，就不會只是單純創造營利，還能提升員工對營業額的衝勁，以及價值。

基於公司方針，有時也會有無法公開數值的情況，這個時候，就不要用絕對值，而是改用相對值。例如，用較去年成長一二〇%，取代營業額〇萬日圓，如此同樣能與員工共享公司的成長情況。

P&G會在期初舉行全公司會議，發表中長期的目的策略，以及年度的目的策略。同時，也會在發表的時候載明數字。

「如果要讓公司整體達到二位數的成長，就策略來說，應該全力投注在美容類別上。若要讓核心的A品牌，在五年內成為價值十億美元的品牌，今年就必須讓營業額提高二〇%才行。」然後，在每半年或三個月，公開公司整體營業額的進度狀況，以及之後的策略（繼續實施或是改善）。

如此一來，大家就能共同討論具體策略，每個部門也能琢磨出符合目的的策略或方案。請不要害怕，試著與小組共享數字，然後挑戰看看。個人也可以設定專屬於個人的目標值。例如，和前年同月分相比的個人業績數字，或是拜訪顧客次數等，只要願意，一定能找到目標值。

成員價值觀不同時，怎麼合作？

公司是團隊運作，不是個人單打獨鬥。

不管是成功的專案、會議的成果、衍生出全新創意或是與顧客建立關係，部門小組作業肯定比個人作業來得更容易。在相同目的上前進的夥伴越多，就越能提高達成目的的速度和實現的可能。

若要人在相同目標上共同前進，就不能缺少理解目的和共享目的，因為目的是小組全員的共同目標，也是共同的價值觀。有時，在一個小組當中，會有立場、文化或價值觀大不相同的情況。

離開P&G之後，我承接了一份專案，主要是協助幫寶適和倍樂生（Benesse）學前教育課程的聯名合作事業。

承接這份工作時，兩間公司在溝通上陷入苦戰。不是討論遲遲沒有結果，就是因為討論無果而使企劃停滯，又或者激盪不出新的火花。兩間公司希望透過彼此聯手所帶來的影響，在業界創造出雙贏的局面，所以我便以居中協調者的身分，參與了這項企劃。

由於兩間公司的文化、背景、組織截然不同，所以即便再怎麼小的企劃，仍會變得複雜、難解。為什麼？因為兩間公司有各自的企業目的，對於這項聯名合作事業的目的也各不相同，涉及多個部門組織的目的與想法，再加上各個負責人也有各自的目的，利害關係就變得更加複雜。

然而，這兩間公司由於彼此太過理性，反而太過在意對方、考慮對方的利益，不好意思表明自己的心聲，而企圖以迂迴的方式取得對方的理解，讓彼此的心聲或真正的需求，都變得十分模糊、曖昧不明。

於是，我提出的方案就是，坦白彼此的目的、希望的結果，然後，以兩間公司雙贏的聯名合作事業為基礎，建構出共同的願景和概念，再巧妙融合各自的品牌目的與概念，最後藉此建構出彼此相通的理念。

最終討論出的共同目的，是「提供寶寶成長發育階段的最佳照護，以及豐富的親子溝通方案」。尿布品牌幫寶適，和學前教育課程「幼兒挑戰」（こどもちゃれんじ），雖然是截然不同的領域，但彼此的想法是相同的，同時兼顧到寶寶和母親，便是這兩間公司可以實現的方案。

做出決定後，兩家公司終於可以制定出應該做，和應該優先實施的事項，同時進一步做出更富成效和建設性的討論。最重要的是，彼此終於有了以一個小組共同作業的感受，彼此也更加積極的提出全新的想法和提案。

團隊成員進行某件事情時，如果沒有共同目的，參加者的參與程度也會不一致，團隊成員就會在毫無歸屬感的情況下不斷嘗試又失敗，內部氣氛也會惡化，導致最後沒有成效。

進行跨部門合作時，請在開始時，或是中途進展不太順利時，試著再次設定共同目的。光是共享目的，就可以讓自己和團隊一起朝相同方向邁進，彼此相互尊重，同時團結一致，積極的朝目標邁進。

P&G工作術，高手這樣練成

1 想採取某些行動前，先釐清目的。
2 釐清目的後，就能整理思緒，取捨應該做的事情，並做出成果。
3 促使他人採取行動時，要清楚簡要的傳達目的，讓對方理解。
4 若要讓會議或討論更加順暢，就先彼此確認目的是什麼。
5 設定目的時，要避免與使命背道而馳。
6 設定與目的一致的目標值。

2 不說「辦不到」，要說「怎麼樣才能成長」

有個把一切變成成功事例的魔法，那就是使用積極正面的說法。

P&G總是能以壓倒性的命中率擊中目標，當然，命中率未必是百分之百，有時也會有達不到目標的情況。例如，某品牌的銷售業績僅達到目標的九七%，與前一年相比，達成率低於一〇〇%。可是，主管提出來的報告卻不是寫「未達成目標」。

「雖然銷售業績距離目標仍有些微差距，但如果把競爭公司的縮小率（A公司下降二〇%，B公司下降五%）和市場的萎縮傾向（較去年縮小一三%）一併納入考量的話，這樣的結果可說是穩健維持銷售業績，也可說是比其他競爭公司成長許多。」

絞盡腦汁的思考「成長了什麼、達成了什麼」，只要從各種角度去檢討，自然就能挖掘出能夠證明成功的要素和資料。

P&G裡的人不會用「失敗」、「沒用」等否定用語或消極字句。他們一定會用積極正面的語言，並且養成習慣。例如，他們不會用「問題」（problem／issue）等名詞。

另外，他們只會在碰到重大問題，且面臨危機管理時，才會用「問題」這個詞。在平時，他們會用「機會」（opportunity）來代替。因為他們認為，解決和改善「問題」，將會是成長的機會。

所有的定型化文件和遣詞用語，全都是由積極正面的詞語所構成。如果在文件中或發言時，使用消極負面的詞語，一定會被修正成積極正面的詞語。例如，不說辦不到，而是說今後必須有所成長、有成長的空間；聽到否定性的意見時，不該覺得是遭到批判、被警告，而是得到了建議、收到了寶貴意見和指導；難以實現或克服的困難，不是問題或是障礙，而是挑戰。能夠挑戰是值得開心的事情，如果能進一步跨越挑戰，那就是更開心的事情。

把不足、辦不到的事情視為「可能性」，把討厭、困難的事情當成「成長的機會」，就是要以這樣的心態，不斷選擇、練習積極正面的詞語。

開口第一句，一定是感謝和誇獎

在P&G裡面，不論碰到什麼事，第一句話都是感謝和誇獎。例如會議開始時，「非常感謝大家聚集在這裡」；聽取簡報後，希望可以提問時，「非常感謝你精彩的簡報。有個問題想請教一下」；拿到提案時，即便那個提案再怎麼不好，仍然會說：「感謝你積極的提出方案。」

有一次，合作代理商的小組來了一位新人。在收到提案書之後，我一如往常的說：「感謝妳在百忙之中送來提案書。可以在這麼短的時間內完成提案，真的太棒了。」一切從感謝和誇獎開始。

之後，雖然有尖銳的提問和要求，但我完全沒有使用負面的表現，讓對方以為這些提案「不行」、「不夠好」。對初次粉墨登場的新人來說，誇獎所給人的感受，似乎會比指責來得更加強烈。

她的主管在旁邊聽了之後，一語道破：「我跟妳說，杉浦會誇獎妳是很正常的。因為這是P&G的文化。**就算這是份完全無可救藥的提案書，她還是會這麼說**。從剛才的意見回饋來看，這份提案書完全不行，必須全部重寫。」

說得一點都沒錯，最初的誇獎和提案書的內容完全無關。可是，那個新人完全沒有喪失自信，反而積極重新改寫了提案書，更加積極的希望和小組齊心努力，一起讓這個企劃成功。

「先給予感謝和誇獎，是全員工都必須採取的做法」，這種觀念早已深植P&G員工的心且標準化了。**即便絞盡腦汁都找不出值得誇獎的部分，仍然會想盡辦法給予誇獎**。如果不了解、不仔細觀察對方，是說不出誇獎和感謝的。

感謝和誇獎的效果，反映出說話者對他人的關心和認同。當對方感受到說話者的關心和認同後，人就會莫名感到開心，進而更希望和對方一起共同努力，同時更加積極進取。

感謝和誇獎，是讓對方產生幹勁和積極性的簡單祕訣。

只有你才可以，因為有你才可以

工作的時候，免不了借助他人之力。

讓某人參與的時候，或是希望提高團隊合作默契時，必須有下列四個步驟：

1. 共享目的（藉此說明公司和小組整體的意義）。
2. 明確訂定行程表或期限（在何時之前完成什麼）。
3. 說明任務和責任，使對方能輕易接納（對方的專業與擅長領域，或是值得信賴的能力和知識等優點，對企劃能有多少貢獻？最好用「只有你才可以！因為有你才可以！」的方式傳達）。
4. 明確傳達優先順序，以及至少希望完成的事情。

我個人特別重視的部分，是步驟三的內容。

我想大部分的人都會執行這四個步驟，但是，是否有針對步驟三的內容，向對方說出表示尊重的話語？

「A先生縝密的資料分析能力真的十分值得信賴。這次的資料訴求正是溝通的關鍵，所以請務必和我們一起製作出更精闢的資料。」

「B先生在緊急情況時的超高應變能力，真的令人甘拜下風。這也多虧B先生總是和各部門保持密切聯繫。這次參與企劃的公司內外相關人員比過去增加許多，所以成功的關鍵在於是否能夠把大家團結在一起。我們十分期待能夠借助B先生的靈活性和應變能力，把小組的心團結在一起。」

這就是誘導出對方的衝勁和力量的祕訣。最重要的關鍵就是了解對方，把自己所期待的效果（作用），和對方被視為優點的部分與受期望的部分串聯在一起。這也是顧客導向。就算是工作，只要貫徹顧客導向的理念，就能更輕易創造出雙贏關係。

我在個人考核當中，團體協作項目能獲得最高評價，便是靠上述的方法。這四個步驟，是讓我贏得小組高度評價與信賴的「杉浦流協作技術」，甚至連主管都深感佩服的說：「杉浦真的很受大家歡迎呢！」

一封「希望能再跟對方共事」的感謝信

在公司內部，朋友自然是越多越好。發生任何突發狀況的時候、遭遇某些麻煩事，而需要藉助他人的智慧或幫助時，是否有人樂於幫助自己？

如果有時間的話，一起共進午餐、吃下午茶或聚餐等，也是交流情感的好方法。只要可以知道那個人的個性，以及私生活情況，就能發現對方的魅力或優點，同時也能增進彼此的感情。

可是，工作夥伴終究是工作夥伴。雖說私底下的交情自然是越深越好，但是，最重要的還是建立工作上的信賴及互相尊重。

為了建立那樣的關係，我的做法是，一定會在企劃完成一個段落的時候，寄出一封簡單的信件，報告進度結果。我會特別注意兩個部分：

1. 寄給所有小組成員，同時寄副本給自己部門範疇的直屬部屬乃至高層，以及小組成員的主管。

2. 在文末逐一列出每位小組成員的名字，並具體介紹成員對該企劃所做出的貢獻，表明感謝之意。

例如：「最後，本次的成果，全都得感謝業務部A先生藉著強而有力的交涉能力，為我們爭取到店鋪空間；資材部B先生臨機應變的商品調度；網路小組迅速發布新聞；調查部門提供重要的資料內容；獸醫師小組C先生充滿說服力的迷你演講；更重要的是從準備活動開始，直到活動當天，竭盡全力對應媒體的代理商D小組的所有成員。正因為有大家的全力支援，當天的活動才能成功，同時也實現了全國性的推廣。真的非常感謝大家。」

這段文章的策略十分顯而易見，就是要讓大家覺得和我共事十分愉快。信中對成員的貢獻、讚賞和感謝，能讓成員感到開心，因此對那一次的共事經驗感到滿足，功績也能告知主管，提高成員的個人評價，自然就能讓成員感到愉悅。

成員的主管，對於自己所屬的部門能夠有所貢獻，並進一步獲得讚揚的企劃，會更積極的參與；也能藉此把自己的貢獻，展現給其他部門的人（高層），這樣的做法會令人感到更加欣喜（對於管理工作量和成果的主管來說，他們通常不希望部屬把時間或勞力花費在無意義的工作上）。

結果，就算不是執行主管直接委派的工作，小組成員仍可以獲得主管們的信賴，並建立起不論何時都能夠獲得協助的關係。

否定前，先肯定

在P&G裡面，尊重他人意見是基本原則。特別是新進員工，不管怎麼說，犯錯總是難免，所以主管都會交代，「不管提問也好，意見也罷，請積極舉手發表」。雖然有時仍會說錯話、說些莫名其妙的事情，或是發表出不會察言觀色的白目發言，不過，周遭的人仍會體諒、接受，所以任何人都可以毫無畏懼的發表意見。

具體來說，第一句話最重要，「感謝你的意見。」、「原來如此。」、「原來還有這樣的看法啊！」像這樣，暫時接納對方的意見，同時給予肯定的回覆。儘管給予肯定，但並不代表對方的意見就是正確無誤，不同的地方在於糾正方式。

善於溝通的人，不會在肯定完後直接否定，而是會拋出疑問句，「你的目的是什麼？」、「我們認為應該有兩件事需要評估，你是否有想到另一件事？」藉此讓本人察覺到錯誤，或是遺漏的部分。

主管給予否定的時候，幾乎都是採取這樣的方式。不適合最初的目的或策略，或是漏掉應該評估的重要事項或課題，只要回歸初衷，對方就會察覺到哪裡有邏輯破綻，或是不足。最後再試著推員工一把，「不過，你剛才提出的想法真的很不錯！可以照著那個方向，再改寫企劃嗎？」

這樣一來，對方就會認為自己的想法獲得認同，因而樂於接受我們提出的要求。即使冷靜思考後，這份企劃等於被否定，但對方仍不會有半點沮喪的心情，反而能更加積極努力，試著把事情做得更完美。這便是既能引導出對方幹勁，又能完美否定的方法。

勇於推銷自己，但不用主詞「我」開頭

其實，我很不擅長推銷自己。

我可以毫不羞怯的極力主張、推銷商品或品牌有多麼優異、出色，但是一談論到自己，我就會很難為情，更別說是讚美或推銷自己，我的個性就是如此含蓄。

可是，P&G則非常鼓勵員工積極推銷自己。從進公司的第一天開始，社會新鮮人就已經被灌輸，就算有錯仍應積極發言、勇於推銷自己，所以不論是再怎麼大規模的會議，大家仍然可以毫無畏懼的勇敢舉手，就算發言內容與目的相左，仍然可以自信滿滿的說出來，也有人會自主舉辦讀書會或是培訓課程。

這點我完全沒辦法做到。在公司裡，我是個十分安靜的人。因為主管可以透過每天的筆記或是個別會議，了解我究竟達成什麼績效，我也就不太在意，也因為我總是能做出一番成績，所以姿態就變得高傲一些。

可是，有一次，主管提供了一些建議給我：「公司內部的自我推銷、公司外的自我展現，都是非常重要的事情。如果沒有辦法更積極的在本部長（按：地位僅次於社

長）、社長等高層主管面前，或是小組會議上好好介紹自己，即便妳再怎麼出色、拿出再好的成績，還是沒有人會認識妳。若妳希望獲得更高的評價，就必須讓更多人認同妳，這點非常重要。」

雖然我不擅長推銷自己，沒辦法積極的高舉雙手，宣揚自己的實績或成功事例，不過，我還是試著改變想法，告訴自己絕對不能安於現狀，然後決定在公司內部努力推銷自己。

要跨越難為情、不安和恐懼的心靈屏障，是件很困難的事，所以我決定拋開自我推銷的念頭，以成功事例或挑戰事例的方式，客觀的分析並分享與自己相關的企劃。

不是主觀思考「我做了什麼」，而是以物品或事件為主體，把感情斷開，以客觀的角度去思考。例如，不說「我在今年夏天的促銷活動中，達到較去年成長一〇五%的營業目標」，改說「今年夏天的促銷活動，達到較去年成長一〇五%的營業目標」。光是改變主詞，就可以消除那種像在炫耀的心情，變成值得一提的報告內容。

我是從P&G每年人事考核時，所撰寫的自我評估表，學到這種想法和表達方式。就算是自己的事情，我還是不會採用主詞「我」（I），而是以「她或他」

（She／He）或是小組、企劃、品牌來作為主詞。把自己做了什麼、多麼努力、多麼辛苦排除在外，把焦點放在事實或是自己擁有的能力、優勢，客觀的思考。

她、他（其實是我本人）的哪種能力（作為考核評估的領導力、協作力或是策略力等），把計畫導向成功，達成了什麼結果，成功的主因是什麼，今後又應該如何持續，又或者必須讓什麼有所成長（包含改善方法在內）。請試著以事例的形式，彙整自己參與的企劃。然後，以「有助於小組參考的共享事例」的理念，透過各種不同的機會（文件、電子郵件、談話、簡報），將事例公開出去。

將推銷自己，換成事例供大家參考，讓眾人受惠，這樣應該也能達到推銷自己，讓自己獲得周遭讚賞的結果。

P&G工作術，高手這樣練成

1 不用「失敗」、「沒用」、「問題」等負面字眼。
2 選擇積極正面的字句，營造積極向前的氛圍。
3 第一句話是感謝和誇獎。
4 最後別忘了感謝。
5 借助他人力量時的關鍵字是「多虧有你」。
6 否定前，先肯定。

3 主管這樣給建議，部屬就不會嫌你囉嗦

意見回饋，是指把達成目標所需要的建議告知對方。用客觀的事實和資料，告訴對方目標在哪裡，若要達成目標，需要做些什麼，同時協助對方，改變對方的行動使其達成目標。

正確的意見回饋要這樣說

P&G會不斷要求好的意見回饋，員工也希望可以獲得他人的意見回饋。因為接受回饋，就不會讓自己成為井底之蛙，可以讓自己從更多元的角度去看待事物，並客觀的掌握現狀，使其成為令自己成長的機會。

P&G會在一年一度的人事考核期間，舉行多次主管和部屬之間的意見分享會。人事考核評估稱為全方位評估，除了主管之外，還會向同事、後輩、公司外部等多方面徵求書面的意見回饋，再根據那些意見回饋，與主管討論本期的考核評估，同時設定下一期的目的。

進入下一期之後，主管和部屬之間會決定一個最佳期間，例如一至兩個月一次，定期開意見分享會。一邊確認目的、列出課題（應改善的點）企劃、能力是否朝達成目標發展，以及為了達成目標，還能夠做些什麼等細微的進度狀況，一邊摸索能夠一起合作的部分。主管會以這種方式，協助部屬達成目的。

意見回饋不光針對企劃本身，同時也包含工作方式、能力與時間的運用等各種不同的要素。由於意見回饋具備完善企劃、強化小組、充實個人等優點，所以我認為在給予意見回饋的時候，對方會非常開心。

如果意見回饋的內容，可以把提升達成力、提高個人能力、增加人生的充實度都考量在內的話，那就更棒了！

好的意見分享會，不管是給予或獲得意見回饋，都有各不相同的做法。只要遵守這些做法，在獲得意見回饋時，就能把「被瞧不起」、「被挑毛病」、「被要求改善」之類的負面看法，轉變成正向思考，將那些意見回饋看待成「得到好的指導」、「變得更好」、「能夠進一步成長」。

提供意見回饋給對方的做法是：

1. 對方必須是願意聆聽的狀態。
2. 專注於正面且有利於對方的事物。
3. 清楚傳達如何變得更好的方法和對成功的想像。

另一方面，接受意見回饋的做法是：

1. 要求更具體且精闢的評論。
2. 如果有不清楚的論點，就要尋求具體範例。
3. 不論是多微不足道的意見回饋，仍要找出其價值並予以感謝。

好的意見分享會就會像這樣：

首先，先安排一個場合，「花十五分鐘來回顧一下前幾天的簡報吧！」

「前幾天你辛苦了。這次簡報的目的，是為了讓業務部能夠更積極的銷售新產品，所以必須讓他們更清楚理解商品的優點，對吧？那麼，你覺得自己的表現如何？」（確認對方是否處於傾耳聆聽的狀態。）

「是。我個人覺得，這次的簡報比我想像中來得順利。商品的評價也很不錯。可是，Q＆A的環節有幾次無法順利回答，我很擔心會不會因此讓大家對商品產生不安。對於這一點，不知道你的看法如何？」（要求更具體且精闢的評論。）

「以你第一次做簡報來說，能有這樣的表現，已經很出色了。如果可以預先設想對方會提出的需求，應該會更好。簡報最重要的部分就是八成的準備。」（專注於正面且有意義的事物。）

「是。我知道事前準備是很重要的環節，但是，在製作簡報上也不能夠馬虎。具體上還有什麼地方不足呢？」（如果有不清楚的論點，就要尋求具體範例。）

「你事前就已經知道，我們有安排Q＆A的時間，所以如果可以事先預測聽眾可能提出的疑問並排練，或許會更好一些。畢竟小組都了解商品的資訊，所以比起簡報本身，最重要的部分還是在Q&A的環節。你覺得如何？」（專注於有意義的事物／確認傾耳聆聽的狀態。）

「是。你說得一點都沒錯。我在事前準備只是一味專注於自己想說的內容，我應該在事前多聽取前輩或小組的意見才是。」

「沒錯。只要配合聽眾的需求去做準備，聽眾、自己都能感到安心，自然就能做出好的簡報。」（傳達成功樣貌。）

「是。非常感謝你的建議。」（感謝。）

錯誤版的意見回饋，請避免

錯誤版的意見回饋是，對方並沒有做好接受意見回饋的準備，自己卻逕自發表自己想說的內容。在那種情況下，對方只會認為你是在挑毛病、找麻煩，幾乎不會認為你是在給他建議，只會讓彼此的對話流於控訴或抱怨。

例如，在兩人擦肩而過的情況下，「這段期間的簡報，還需要再多一點準備吧？」這番話完全沒有明確表示什麼地方不夠好，讓人完全不知道該如何改善，聽起來一點都不親切，反而像是警告似的。

而錯誤的接受意見回饋方式，是不管聽到什麼，總是抱持反抗的態度，完全沒有半點虛心接受的樣子。「我並沒有打算那麼做。」、「不，其實我已經很認真了。」或是明明無法接受，卻因為怕麻煩、囉嗦，而隨便拋出一句「好，我知道了」，這樣的做法也是不行的。

就算自己原本有打算做，或是原本沒有意圖，一旦有人提出意見回饋，就代表在對方眼裡，「自己還有更多不同的方法，可以用來達成目標」。如果不願意聆聽，就無法改善或成長。

最重要的是，必須懷抱著「為了成長」、「離目標更近」的積極目的以及態度。不管怎麼樣，只要有一點點「真想回嘴抱怨」、「不屑聽那個人的建議」之類的負面情緒，對方馬上就能察覺出來。把意見回饋當成成長糧食，誠心給予、虛心接受，才是最佳做法。

任何人都可以成為他人的導師

P&G非常重視開發員工的能力。因此，凡是與後輩或部屬有關的事物，都要以指導者的角度給予教導。

不光是後輩或部屬，有時，我也會在和工作沒有關聯的其他領域，或和其他部門的人交流時，把自己當成導師。所謂的導師，是指在工作或人生當中，能夠給予有效建議的對象。

進入P&G不久後，公司馬上就派了兩名導師給我。一個是在相同領域內，擔任不同職務、年長我兩至三歲以上的前輩，其實我們是同一所高中畢業的。雖說職務不同，但對剛進公司的我來說，與自己有共同點的人比較容易攀談，而且，既然我們都是同個領域，在工作上碰到問題時，也可以從對方身上得到答案。

另一個人是位於其他領域，居住在東京的市場行銷本部長。為了更容易描繪出在P&G內部的職涯發展，我把已婚且育有子女的她，視為職業女性的榜樣，又因我隻身一人遠赴東京辦事處，所以同在東京的她，就可以成為我緊急諮詢的對象。

透過各種不同的角度，能夠激發他人的能力，和促進職涯發展並給予輔助的人，就會被選為導師。

我也一樣，也曾被要求擔任非社會新鮮人（和我一樣都是中途加入公司的人、因收購而遭合併企業的人、轉職的人）的導師，因為我擁有容易理解他們的共同點，同時可以成為他們仿效的對象。

若問我導師應該具備什麼樣的能力，首先，只要是隨時能夠商量的對象，就十分足夠了。其實，我也只和幾位導師吃過幾次飯、喝過幾次咖啡而已，可是，他們卻能擴展我的視野，給我鼓勵，在人生路途上為我指點迷津，相處起來非常輕鬆，但我們的關係又立足於工作上，那種感覺很難形容，是一種不同於朋友、主管、或是同事的溫馨關係。

P&G的前執行長約翰．派伯（John Pepper）曾提過這五點：

1. 以教練的角度處理和部屬之間的互動。
2. 不從頭到尾教導手邊的問題，而是教導原則。

3. 針對錯誤暢所欲言，發揮安全網的作用。
4. 為了精進技能，應請教可以作為榜樣，並給予建議的公司員工。
5. 向主管詢問，該怎麼做才能成為更好的教練。

管理者是告訴你應該做什麼的人；教練則是幫你學習該做的事情的人。不管什麼年齡、什麼職務，任何人都可以成為教練。

用事而非人，當主詞

在P&G裡面，雖然會讓許多人發揮獨特的個性和多樣性，但不能說完全沒有管理。不如說許多情況，是必須遵循後續將會提及的思考程序（第七十九頁）、筆記格式（第一三八頁）和語言（第一八六頁的CPS等，為P&G語言的簡稱）等規範。

那麼，日本企業和P&G的管理方式究竟有什麼不同呢？相較於管理人員的日式企業，P&G的做法是管理事物。

在日本企業中，考勤卡、服裝規範、工作日誌，尤其是職務分工等，明明沒有明確的理由或是目的，卻被嚴格規範必須遵守，備受限制；相對之下，P&G則是專注管理達成目的必不可少的事物。

沒有達成營業目標時，P&G不會指責道：「（你）為什麼沒辦法達成？（你）到底做了什麼？」而是說，「沒有達成目標的主要原因是什麼？有沒有什麼辦法可以解決那個問題？」確認進度的時候，不會問：「（你）現在在做什麼？進展到哪了？之後要做什麼？」而是，「距離達成目標（企劃的進度或達成度）還差多少？為了達成目標，今後需要做些什麼？」

報告時也一樣，大家不會回答：「現在（我）正在設計手冊。會在數天內印刷，應該可以趕上交期。」而是回答：「現在（企劃）正在設計手冊的階段，印刷時程也配合交期，一切都按照計畫進行。」

這個時候，主管如果提出「應該在更早之前，再次確認設計」這樣的意見回饋，前者的情況就會變成「我應該那麼做」，變成必須照著主管的想法行動才行的主觀想法。可是，如果從整個企劃的角度來看，就會變成「以程序上來說，那麼做會比較好」，即便是相同的失誤，仍然可以客觀看待。

P&G前會長布雷德．巴特勒（Brad Butler）說過這樣一番話：「『什麼才是正確』，遠比『誰才是正確』來得更重要，這是公司內部員工普遍的工作態度。在P&G裡面，事實、真實、邏輯所擁有的權威絕對大於個人。」

1 意見回饋，是指針對達成目的所需要的行動給予建議。

2 提供意見回饋給對方時：

・確認對方是否願意聆聽。

・專注於有利於對方的事物。

・傳達如何變得更好的方法和對成功的想像。

3 接受意見回饋時：

・要求更具體且精闢的評論。

・若有不清楚的論點，就要尋求具體範例。

・不論是多微不足道的意見回饋，仍要予以感謝。

第二章

P&G的思維方式，每個人都是主管

1 抓住顧客的高興、快樂、幸福

第一章針對溝通與表達做了說明，而表達的背後存有想法。如果不改變想法，話語就不會真正改變。因此，本章節將針對P&G的想法詳加說明。

P&G的市場行銷，是以顧客（這裡把消費者、使用者、購買者統稱為顧客）洞察（Customer Insight）為重心的市場行銷。這可稱之為潛在需求，從顧客日常生活中的經驗、全面理解顧客的生活型態，探尋連顧客本身都未察覺到的真實價值。

現在的消費、購買趨勢，已經從物品逐漸轉變為心靈上的滿足。根據日本經濟產業省[7]的調查，在經歷過雷曼兄弟事件之後，比起購買物品，消費者變得更加重視

7 類似臺灣的經濟部。

服務與快樂的體驗。

從這樣的背景來看，我們必須培養顧客導向的觀念，真正了解目標受眾（Target Audience），提供滿足心靈的商品和服務。另外，顧客導向不光是致力於理解顧客需求，還必須滿足顧客所追求、所喜歡的事物，亦即實現所謂的「嗜好」（身心靈的提升與期待），也就是說，顧客導向＝顧客嗜好。

若以我個人的說法來講，就是理解顧客高興、快樂、幸福的事物，並透過商品和服務，提供高興、快樂、幸福的體驗。其中的關鍵就是要抓住顧客「非這個不可」的心態，取得信賴。如此便能和成為鐵粉的顧客，建立長久且持續的關係，也就可以獲得回購率和忠誠度。

這個想法不光是在商場上，同時也可以應用在所有的工作或私生活上面。把工作上的主管、同事、往來廠商等所有利害關係者，當成顧客看待；私生活方面，也可以把家人、朋友、戀人或伴侶看成顧客。

參加我的營銷培訓課程的人說：「從那時開始，我就把『抓住顧客的高興、快樂、幸福』當成工作的座右銘！這次學到的東西，不僅可以應用在工作上，還可以運用在私生活上面。最近，連我的女朋友也變溫柔了。」

提供讓對方開心的體驗，創造出雙贏局面，自然就能達成目的。而把這種方法標準化的P&G市場行銷策略，可說是不論公、私，都可以加以應用的成功法則（順道一提，我也靠著P&G風格的市場行銷，在一年內成功結婚了）。

最強五步驟思考，把可能性推向極限

P&G的市場行銷，不光是把藉由掌握顧客的心而拿出成果的做法標準化，同時還會把拿出成果之前的想法定型化、標準化，然後與全世界共享。

市場行銷是銷售的核心，是所有員工（市場行銷部以外的人也一樣）實踐的商業基本模式。

我想很多人都知道顧客導向的重要性。可是，許多人都不知道該用什麼樣的步驟，塑造出顧客導向的具體樣貌。光是倡導顧客導向，沒辦法真正理解顧客需求。

P&G把方法彙整成簡單的五個步驟：

1. 設定目的和策略。
2. 分析周邊環境。
3. WHO（了解顧客）。
4. WHAT（提供給顧客的價值）。
5. HOW（建立與顧客之間的關係）。

P&G的市場行銷能力，在業界頗負盛名，也經常被拿來作為工商管理碩士（MBA）的個案研究，所以大家往往認為，P&G的市場行銷有著十分複雜的框架。

可是，在P&G裡面，幾乎聽不到常用的市場行銷用語，沒有半點難懂的用語或是框架。P&G將任何人都可以理解、實踐的簡單要素濃縮成五個步驟。這五個簡單的步驟，是經過實證與驗證的最強成功法則。這是P&G在這一百七十五年間，於一百八十個國家開發出多種品牌，深入研究成功與失敗等各種案例後，所淬鍊出的實現成果的本質，這種本質簡單卻又深奧。

P&G是多元化的企業，在全球各地都有據點，員工也是形形色色，不光是國籍與宗教各不相同，年齡與性別也是男女老幼都有，而且每個人都具有極為豐富的個性，所抱持的價值觀和背景也各不相同。

若要讓包含新進員工在內的任何人都能夠加以運用，就必須深入本質並加以簡化，使任何人都能夠理解。我認為這種簡化的成功本質，已經被定義為成功的原則，同時也已經被標準化成思考的程序，並且共享於全球。

進入P&G之後，我對P&G員工的印象是金太郎飴。這個詞彙，聽起來像是一種負面的表現，好像所做的一切都顯得十分乏味、平淡，可是我之所以會聯想到金太郎飴，是因為員工的高品質輸出。

所有員工都會把他們的熱情、真誠和思考方式，直接反映在他們的發言或行動上。例如，每個人都會提問：「目的是什麼？」重點是，輸出的品質非常高且平均。雖說思考方式已經被標準化，但是，個性方面並沒有，反而更能夠運用不同個性加以發揮。

這是只要照著做，就能達到八成的成功法則，可說是成功的基石。因此，可以免於浪費時間和勞力，把腦力、勞力和時間花在更高的層次。只要一邊遵循最基本的規則，就可以充分發揮個性和能力，同時引導出創新。

在《禪在舉手投足間》（究竟出版社）一書中，作者枡野俊明僧侶說：「所謂的禪，就是把多餘的東西減少到一種極致的地步，使事物變得單純，具有突破事物本質的敏銳、深刻和寬廣。」淬鍊出本質，這點我想和P&G是一樣的。

P&G的顧客導向五步驟，既是淬鍊後的本質，同時也是思考模式，希望大家能夠把它當成達成目標的基石，妥善運用，在追求更多、更好的事物上燃燒熱情。

步驟一：設定目的和策略——打造通往目標的路徑

第一步是設定目的和策略。

設定步驟的最初目的並不是要了解顧客，而是在有目的和策略之下，釐清自己應該做些什麼。例如，設定目標和目標值，是希望創造一百萬日圓的營業額，如果商品的價值是一百日圓那麼就可以知道，至少要有一萬人購買這個商品才行。

這個時候就要思考怎麼做才能號召到一萬名顧客。從哪裡（策略）、以什麼人為對象（WHO）、提供些什麼（WHAT）、該怎麼號召（HOW），根據這樣的思考路徑，就可以更輕鬆擬定策略。

只要釐清希望得到的結果，接下來就可以思考策略。這麼做是為了集中寶貴的資源（物品、金錢、人、時間）。就我個人的策略思考來說，我會選擇最容易的方法來達成目的。所謂的容易，是指輕鬆獲勝、沒有壓力，花費最小限度的金錢和勞力。

在P&G的定義當中，策略是指為了達成目的，有效利用有限資源的活用法。這個定義的根本就是：

1. 策略是為了達成目的而存在。
2. 我們的資源有限。

策略就是集中資源。為了達成目的，得選擇把我們的資源集中在哪裡，也就是決定好要做的事情，捨棄不要做的事情。例如，以提高A品牌營業額來說，可以考慮培養新的顧客，也可以想辦法增加回頭客。另一種方法，則是透過多件購買，使個人的購物金額達到兩倍；如果商品有好幾種，促銷其中最賺錢的商品B，也是一種方法。甚至，也可以把心力投注在改善冷門的商品C上。

所以要根據過去的實績和競爭情況，找出由誰花錢、錢花在哪裡，思考最容易達成目的的選擇。然後，把所有的資源（資產）全部投注在那個選擇上。

如果這個也想做，那個也想試，就會導致每個方法都無法確實實施，很難掌握哪個方法比較有效，事後也就更難以修正。把資源和熱情傾注在最底限的選擇上，才能更有效率、有效果的達成目的。

靠輕鬆思考擬定策略

對於化妝品品牌蜜絲佛陀，我選擇靠「不脫妝口紅」的策略來獲取新顧客。多虧令人驚豔的不脫妝效果，只要顧客試用過一次，當場便決定購買，而且回購率也提高了許多。

甚至，只要能抓住不脫妝口紅的愛用者，就能增加其他標榜長時間持妝（睫毛膏、粉底等）產品的購買率。也就是說，為了獲得新顧客而祭出的口紅策略，不光能提高口紅的營業額，同時也能提高品牌整體的營業額。

再來看一下幫寶適的實際案例。

幫寶適是醫療院所使用率第一的嬰幼兒尿布，市面上約有七成的醫療院所都是使用幫寶適的尿布。之所以會有那麼高的市占率，是因為幫寶適採用了讓婦產科醫院使用尿布的策略，進而擴大了新生兒尿布的使用率。只要掌握到入口點[8]，就不容易發生品牌轉換[9]，便可以獲得忠實顧客。

尤其在新生兒正值肌膚敏感的時期，母親也會變得比較神經質，所以希望使用安心且安全的產品、怕改用其他品牌會發生問題的心情就會比較強烈。只要一開始成功獲得顧客支持，之後就可能會提升顧客的持續購買率。

另外，新生兒更換尿布的次數是最多的，所以購買頻率和購入數量都會增加。因

8 Entry Point，指消費者首次進入產品市場的時間點。對幫寶適來說，就是幼兒剛出生時。
9 Brand Switch，改用其他品牌。

此，只要把資源投資在入口點，生涯購買量就會變多（在需求頻率最高的時候開始使用，並且在需要尿布的時期持續使用），自然能描繪出達成目標的輕鬆路徑。

擬定策略、思考策略，或許是一大難事。我經常聽到這樣的心聲，也非常了解個中的辛苦之處。以我的情況來說，進入公司後的數年間，我最常收到的意見回饋就是不善於思考策略。

可是，即便是曾經愚鈍的我，也在不知不覺間得到了「這是策略性的企劃，所以希望能委任給妳」這樣的評價。所以，請不要擔心。只要加以鍛鍊策略思考，就會慢慢變強。

請試試看我的輕鬆思考：「有沒有可以輕鬆獲勝、毫無壓力達成目的的方法呢？」就像這樣的慵懶思考即可。

步驟二：分析周邊環境——收集資訊，解讀流程

分析周邊環境，是以收集資訊為基礎，解讀潮流趨勢的能力。

環境分析，也是P&G市場行銷框架當中逐年重視的一環。為什麼？因為現代市場的變化速度快，IT化使資訊量呈倍數成長，社會局勢更是蘊藏著不安定要素，受這種環境影響的消費者價值觀和情緒，又或是市場，一直都在變化。

若是經濟不景氣，人就會傾向節約，商品價格就會下降。聽到多酚對人體有益時，人們就會傾向購買，於是紅酒、巧克力等所有食物，又或是保養品，就會開始以多酚為訴求，充斥在整個市場。

解讀潮流趨勢，可以讓自己想像處於漩渦中的消費者的感受，便能得到應該朝哪裡前進的靈感，進一步推敲策略，找出WHO（了解消費者）。

解讀潮流趨勢時，要透過5C觀點：Community（公司）、Customer（客戶）、Consumer（消費者）、Competitor（競爭對手）、Company（自家公司策略）去收集周邊資訊。其中尤其以3C——公司、消費者、自家公司策略最為關鍵。

帶動香氛風潮的衣物柔軟精當妮（DOWNY）的誕生，靈感就是源自於環境分析。從芳香療法盛行的潮流趨勢中，我們發現許多消費者喜歡用香氣來表現自己，同時也有許多消費者希望讓平日的洗衣任務更顯特別，而尋求感官上的獎勵。於是，基於「創造出不同於傳統柔軟精的商品」這樣的策略，創造出增添香氣的商品。

工作也是一樣。接觸平常很少往來的人們時，只要透過業界趨勢、辦公室政治、人際關係等周邊環境來收集資訊，就能夠想像對方的狀況和需求，變得更容易擬定出策略。

觀察周遭的潮流趨勢，察覺、預測，這些做法可以提升自己的應變能力，同時激發出前所未有的全新發想。

光是把女性當成目標客群，就能有好處

以現在周邊環境的潮流趨勢來說，最應該好好掌握的，是以女性為市場目標受眾。我打著「策略性女性客戶市場行銷」的旗幟，為了在市場獲得勝利、為了提高營業額，我建議增加女性顧客。之所以選擇女性為目標受眾，是因為這是項投資報酬率比較高的策略。

投資報酬率較高的推測，來自消費者有八成是女性，家庭八成的開銷，也大都掌

握在女性身上，等於占市場的八成。除了幫自己購買物品外，家庭內所用的物品、家人需要的物品、購買禮物等，都掌握在女性手中，又因女性進入職場或是生活型態的變化（未婚增加或雙薪增加），女性掌控著自己和家人的錢財（有八成的家庭，都由女性負責管理家庭開銷）。

在以前，購車、買房，都是男性當決策者，但現在則變成「我跟妻子討論看看」，可見決策者或影響者都是身為女性的妻子。另外，時代的消費趨勢已經從物質轉變成心靈，呈現不分男女的「女性化」現象。所以，只要以女性為目標受眾，抓住女性顧客，就能同時滿足男性，可說是一舉兩得。

女性和男性不同處，在於女性大都是兩個人以上一起行動，推薦力（口耳相傳）也十分驚人，所以可以預期她們把商品介紹給朋友的宣傳效果，同時也會回購。對企業來說，增加顧客、提高忠誠度的可能性也比較高。也就是說，增加女性顧客，在市場行銷策略上是非常有意義的事情。

P&G販售的是生活用品，大部分的情況下，來消費的都是女性。P&G的業務之所以能夠持續發展、延伸，最重要的因素或許就在於女性這樣的目標顧客。

另一方面，雖然市場的價值觀呈現女性化，不過，在現今的業務職場上，還是有許多以男性思考作為決策。「既然如此，就請女性負責決策就好了」，如果你這麼想的話，那就太天真了。

女性比較容易憑直覺，去了解所有女性共同的感覺或價值觀，可是，女性僅容易對狀況類似的人產生同理心，很難想像跟自己生活型態不同（單身或已婚、有沒有孩子、家庭年收入的差異）的情況。

若要以客觀的角度去解讀、分析，然後擬定商業策略，就要結合男性的思考。也就是說，如果要真正了解消費者，並活用商業策略，就不能缺少男女共同的多元化。現在，P&G裡面的男女員工數各占一半。其中也有男性負責行銷他們難以理解的生理用品。

不管是男是女，請把過去的商業思考（男性腦），轉變成增加女性粉絲的顧客導向（女性腦），努力了解女性，製作好的商品，從優質物品至上主義，轉變成重視消費者的心靈體驗；從獲得競爭市占率的競爭意識，轉變成提供消費者的心靈價值；從推銷出售（推），轉變成想購買的關係建立（拉）。

步驟三：了解顧客

在P&G的市場行銷框架中，最重要的環節就是WHO（了解顧客）的步驟。

「為了讓生活更加美好，顧客需要什麼樣的產品？對顧客而言的價值是什麼？唯有深刻理解顧客的生活，才能夠得到那些答案」，這便是P&G的信念。

首先，先鎖定「什麼人會購買，或可能購買」的商品或服務。然後，全方位調查她（他）的生活型態、行動和價值觀，並根據調查所得的資訊，製作象徵性的顧客模式（P&G把它稱為檔案資料〔Profiles〕，一般則是稱為人物誌〔Persona〕），同時貼近顧客洞察（潛在需求與價值）。

這個時候，重要關鍵是消費者調查。

以消費者調查這件事來說，P&G可說是問相當知名的公司。為了理解消費者，P&G在調查與研究上，投入了大量的時間與金錢，調查規模十分龐大，平均每年的調查與研究數量高達兩萬件以上，投資金額超過四億美元，在全球約一百個國家，聆聽了約五百萬名消費者的心聲，執行長更是定期參與其中。

調查方法除了街頭訪談、問卷調查等方式之外，還會陪同顧客一起去購物，或是觀察顧客在自家處理家務的情況。這種「家庭訪問式」的現場調查技巧，P&G可說是先驅。另外，為了調查出顧客與產品接觸的所有要素，消費者調查的範圍必須從上游開始（商品企劃），一路持續到下游（市場投入）。

例如，一個產品問世之前，開發概念、規格不用說，包裝、廣告、店鋪內部的陳設等，全都必須根據顧客的心聲擬定策略，然後逐一推敲、決定。「一切都是為了消費者」，這個就是顧客導向。

若要真正了解顧客，就必須剔除我們自以為是的驕傲態度，真誠的傾耳聆聽，並抱持「我們可以更深刻的了解顧客」、「希望進一步了解」這種想法。

過去，電視上介紹了一個女性內衣製造商的成功事例。

某女性員工希望為苦於胸部太大的女性開發專用的內衣，因而提出專案，但一開始，那個商品提案並沒有通過。為什麼？因為男性主管認為：「怎麼會有女人因胸部大而苦惱，女性應該希望讓胸部看起來更大呀！」便反對這個提案。

女性真的希望讓胸部看起來更雄偉嗎？如果妳是女性，應該會嗤之以鼻吧！結果，這個被男性主管反對，讓胸部看起來不會那麼大的內衣，創下了十倍的銷售量。

日常工作也一樣，了解對方後，應對方式、傳達的內容、說話方式也都會跟著改變。不要只是去想像自己眼中的對象，而是站在對方的角度，以對方的立場去探求出真正的需求，才是獲得勝利的祕訣所在。

聆聽消費者的心聲，但並非照單全收

我也曾經聽到質疑消費者調查結果的聲音。

「我曾聽說，有公司聽了消費者的話，製作了附有收音機功能的電視，結果完全賣不出去。這樣一來，聆聽消費者心聲還有什麼意義嗎？」又或是，「製作了人物誌（利用調查取得的資訊，而製作出象徵性的顧客模式），可是，卻對之後的商品或服務沒有半點幫助。就算做了消費者調查，仍沒有什麼用。」

某個大型入口網站的業務部部長，曾經參加過我的研修課程，他說過這麼一段話：「很久以前，某製造商的宣傳部長跟我說過，『因為調查結果沒有我想要的內容，所以之後我便不再做那樣的調查了。只要好好思考需求就夠了』，當時我也覺得他講的話頗有道理，可是，這次體驗了您的課程後，我真切的感受到，若是為了假設或是驗證而聽取使用者意見，還是比較有效果的。」沒錯。**聆聽消費者的心聲，並不代表就得言聽計從、照單全收**。

隨時思考自己的商品或服務，和消費者之間連結，從而找出最佳答案的，是從事商業活動的我們自己。

最近，顧客洞察這個名詞十分受到矚目，指的是消費者本身沒有察覺到的潛在需求。我稱顧客洞察為接收者，也稱它為商品和消費者間的橋梁。

我認為最重要的事情是，在消費者調查的同時，還要試著挖掘出商品或服務所具有的特性（優點或差異點）。這樣一來，就可以從調查中看出，商品或服務是否能夠緊密的與女性的生活型態或價值觀串聯在一起。

女性的情緒和行為舉止十分複雜難懂，我並不擅長靠邏輯去排列優先順序或是加以表現。為了挖掘出女性真正的心聲和真實面貌，我的公司會從調查的企劃階段開始，設計出以女性特性為基礎的題目，努力貼近女性的消費者心理。

要察覺顧客自己都沒發現的洞察

來介紹一下表面發言和顧客洞察的差異吧！

蜜絲佛陀的不掉色口紅，使用獨家配方，讓唇彩和光澤都不會脫落。在和口紅相關的女性訪談中，常會聽到這樣的心聲：「想要可愛的顏色」、「吃完飯之後，口紅掉光，在補妝前都覺得挺尷尬的」、「不喜歡玻璃杯沾到口紅印的感覺，所以就不會想塗口紅」。

果然，大家對不脫妝的需求最高！因此，業者往往就會把「不會沾在玻璃杯上」、「餐後不會脫妝的口紅」當成顧客洞察結果，但是，這些顯在需求未必是真正需求。其實以這些為基礎的商品，並不會使營業額有所成長。

事實上，只要深入研究目標受眾，你就會發現，她們都是十分注重外觀儀容的人，希望時刻展現自己優點（隨時維持完美形象），而她們所重視的商品特徵，是隨時可以讓自己（嘴唇）維持美麗，這才是真正的顧客洞察。

結果，當我把這個顧客洞察和步驟四（提供給顧客的價值）結合在一起之後，原本停滯不前的商品銷售，馬上有了二位數的成長。最重要的是希望進一步了解對方的好奇心，那種好奇心能讓你更仔細的觀察對方、傾聽心聲、深入理解，同時更接近顧客洞察（真實）。

工作中也可以採用相同的方式。如果要引導出對方的需求或真實心聲，就應該先傾聽對方的話，尋找願意採納你的提案的接納者。只要能夠確實掌握這個部分的關鍵，就會知道下個步驟應該做些什麼，同時也能更容易想像，所以WHO（了解顧客）是最重要的步驟。

步驟四：提供給顧客的價值

所謂的價值，並不是我們自己的想法、商品的好壞或是技術等優點；而是讓顧客認為不管花多少錢都想買，對顧客有意義的商品，才是所謂的價值。如果用文字來定義價值，那便只是個概念。

推廣個人品牌也一樣。除了闡明自己的優點之外，還要把他人眼中的優點和需求結合在一起，就能具有價值，藉此來吸引他人。

思考顧客所認定的價值時，P&G除了功能性效益（Benefit）之外，也會把被稱為最終效益（End Benefit）的情感或情緒的效益納入考量。

例如，前面提到蜜絲佛陀的不脫妝口紅，顧客洞察是「希望隨時保持最完美的自己（嘴脣）」，功能性效益是「就算吃東西、喝飲料，也可以整天都不掉妝」，而最終效益則是「不用擔心口紅掉妝的問題，可以全天維持美麗與自信」。

於是，我便進一步提出透過商品或服務帶來LOVE體驗。這個LOVE體驗能夠讓顧客深刻感受到，「早上化妝時的美麗脣彩，可以維持一整天」。

若希望顧客愛用自家公司的商品或服務，就需要能抓住顧客內心的LOVE體驗。前面提到顧客導向＝顧客嗜好，而LOVE體驗則是讓顧客的嗜好（身心靈的提升與期待）變得更加明確。

P&G會按照促銷計畫，製作產品故事的商品故事書，把它當成統整商品價值的參考書，這是小組共享的資訊。品牌推廣必須有故事，因為故事能夠打動人心。添加劇情的資訊拼湊，便是撰寫故事的關鍵。以背景、結論、根據這三點為核心，使資訊更加完善且強而有力，就可以提高共鳴、信賴感與新鮮感。

順道一提，產品故事是我們保養品部門開始帶動起來的做法，在公司內部不斷強調其重要性（商品魅力的最大化、統一的價值觀、訊息的一致性）的情況下，現在它已經成為全球P&G必備的工具之一。

步驟五：建立與顧客之間的關係

以顧客的生活型態、購買與消費行為、顧客洞察的理解為核心，找出商品與顧客之間的接觸點，再把利用WHAT所定義的價值，具象化成商品或是溝通交流（LOVE體驗），藉此建立彼此的關係。

顧客會根據所有接觸點的體驗，判斷商品、服務的價值。如果各接觸點不一致，顧客就會對品牌、商品訊息產生矛盾感，也就無法獲得顧客信賴。一旦有了不愉快的經驗，顧客不光是不會再去相同場所或是購買相同商品，甚至還會有負面評價。

其中尤以第一次決定（決定購買的購物體驗），和第二次決定（決定繼續使用的體驗）最為重要，透過有效運用推薦力，就能強化價值。

為了讓大家能有效運用推薦力，這邊想介紹影響力行銷（Influencer Marketing）給大家，這同時也是我的專業（我把它稱為推薦力行銷）。

影響力行銷，是指透過人或事物（專家、媒體、社群平臺等），對目標受眾的購買與消費造成影響。也就是透過散播有利訊息，讓利益與商業形成直接連接的行銷方式。

口耳相傳、策略性宣傳（和只介紹傳統商品的宣傳做出差別化，並透過媒體或第三方，讓消費者察覺到「購買的理由」，策略性的帶動營業額的市場行銷手法）、企業社會責任，或動機營銷（Cause Marketing，和企業社會責任一樣，皆指對社會與環境做出貢獻）等方法，都算是影響力行銷的一種。

在P&G公司內部，影響力行銷是投資報酬率最高，也是單靠一些創意靈感就可以帶動創新，成功範例最多的方法，其效果是獲得證實的。不管怎麼說，這種方法可以附加上現今時代最需要的信賴與安心，同時也能強化品牌和顧客間的密切關係。

市場上掀起高球調酒風潮（Highball Boom）時，三得利（Suntory）的威士忌小組並沒有任由那股風潮自然退燒，而是策略的運用「就是要喝啤酒」、「就是要喝高球調酒」的宣傳方法，讓風潮持續延燒，這也是影響力行銷的一種。

除了高球威士忌之外，從P&G時代開始，我就和主打策略宣傳的 BlueCurrent Japan 的本田哲也社長一直在這個領域共事到現在。他把這種做法命名為氛圍營造。只要把社會的趨勢與話題的根源，和消費者的潛在興趣與關心的源頭結合在一起之後，創造出令人感興趣的話題並宣揚，就可以讓社會或個人關心的事情表面化。

幫寶適採用了這樣的宣傳策略：以寶寶的睡眠時間不規則，可能造成社會問題的事實為基礎，在取得具有影響力的幼兒科醫師的協助後，實施幼兒睡眠的相關調查，同時也請睡眠專科醫師，談論尿布對睡眠的影響，並提供讓寶寶熟睡好眠的專業知識。最後，再藉由大眾傳播媒體、幼兒教養網站、育嬰與健康相關的知名部落客公開相關結果。

重點是，在母親們察覺到睡眠的重要性的同時，他們對於幫助好眠的尿布也會產生更高度的關心與重視。結果，幫寶適「吸收力長達十小時，讓寶寶一夜好眠」的概念，以及提高共鳴的提案——黃金睡眠（對寶寶的成長來說，最重要的就是睡眠）便成了最佳訴求。

另外，除了宣傳策略之外，幫寶適也是在各方面有效運用影響力的絕佳範例。婦產科醫院使用率第一名、和學前教育課程幼兒挑戰之間的聯名合作、聯合國兒童基金會（UNICEF）的「一包（尿布）一疫苗」等，透過所有活動取得的資訊和資料，也都會在包裝、廣告、網頁、手冊、店鋪活動等其他接觸點加以推廣，在訴諸價值的同時，進一步強化推薦力。

工作也一樣，一起共事的時候當然不用說，大家都會透過各種不同的情況，去判斷工作對象的能力與信賴度。即便自己本身是個坦率的好人，如果在他人眼中看起來顯得傲慢且高調的話，仍會讓人產生「原來這個人的處世態度會因人而異」，進而使信賴度下降；另一方面，如果聽到自己信任的第三人說：「那個人很能幹喔！」自己的名聲就會瞬間水漲船高。

請大家務必善用第一次、第二次決定時，幫自己推上一把的推薦力。

幫寶適，睡吧！玩吧！企劃實例

接下來我想跟大家介紹顧客導向五步驟的實際範例——幫寶適在東日本大地震（三一一大地震）時推行的活動。這項果敢推行的支援活動，只靠五個步驟，不光是商業，同時還實現了其他事情。這是在我之後，繼承了幫寶適的後輩們所主導的出色活動。

實踐步驟一：設定目的和策略。

二〇一一年三月十一日發生的東日本大地震，才剛過三天，幫寶適馬上啟動受災區支援企劃。目的是儘早援助顧客（母親與嬰兒）；策略是把物資送往受災區，和基於幫寶適品牌的理念，為了讓寶寶健康、快樂的成長，而給予中長期支援。

裝滿紙尿布和溼紙巾的第一班卡車，在地震災害的三天後，也就是三月十四日，出發前往受災區。這一天，同業的其他公司才剛剛發布應變對策和方針，而P&G早已擬定好方針，把物資送往災區。

實踐步驟二：分析周邊環境。

送達物資時，也不可缺少分析希望獲得援助者（顧客）的周邊環境。

如果沒能把物資送到真正需要的人手中，不僅會讓支援活動變得毫無意義，同時也會妨礙到其他支援活動。地震發生後的半天期間，小組們共同討論，如何確保物資，然後該以什麼樣的路徑，把物資送往受災區。

即便在中長期策略中也一樣。首先該著手的，是澈底找出支援場所的需求。首先選定宮城縣作為目標，並且逐一詢問縣內的鄉市鎮村需要什麼樣的支援。

「對於援助嬰幼兒，您有沒有什麼想法？」

「我們是尿布製造商，請問有沒有什麼需要幫忙的地方？」

想在一片混亂的現場，找個能做主的人，著實比想像中困難許多。就算好不容易取得聯繫，仍然沒有半點進展，不是說嬰幼兒已經被疏散，就是回答就算有需求，現在也不是談這個的時候。在約過兩個月之後的五月上旬，「現在已經可以了，再麻煩你們」，終於敲定支援活動場所在宮城縣南三陸町。

實踐步驟三：了解顧客。

為了決定活動內容，最重要的是掌握顧客（母親和寶寶）的真正需求。雖然透過市政廳的「保健福祉課幼兒科」，得知了嬰幼兒的現況，但是，卻沒有任何人能夠完全掌握整個情況。即便知道托兒所已經全數毀壞，仍無法了解實際的嬰幼兒人數，也不了解他們有什麼困難，完全掌握不到資訊。於是，他們直接去避難所採訪那些母親。

「在大家一起共同生活的空間裡，只要孩子半夜哭鬧，他們就沒辦法繼續待在這裡」、「在白天，孩子們也沒有可以安全遊玩的場所」、「孩子半夜哭鬧會給人添麻煩，所以晚上我們都窩在車上睡覺」，漸漸的，他們看見了母親們的需求。

實踐步驟四：提供給顧客的價值。

日夜小組討論有什麼事情唯有幫寶適能夠做到，且對母親和寶寶而言確實為LOVE體驗。最後總結，出乎意料是幫寶適品牌口號「睡吧！玩吧！企劃」，就是提供一個能夠讓寶寶們睡得香甜、玩得盡興的場所。

因為是以嬰幼兒為對象，所以設置環境時要十分小心、注意，避免寶寶發生任何意外。同時決定採取五至六名工作人員的照護體制，讓孩子們可以在工作人員的視線範圍內遊玩，同時也主要招募受災區的幼兒保姆，以兼顧到就業協助的環節。

實踐步驟五：建立與顧客之間的關係。

有鑑於南三陸町的街道幾乎被海嘯沖毀，堪用的建築物僅殘餘少數，最後小組選擇其中的宮城縣立志津川高校，在裡面設置了三個區域。

在安心睡區域，露營車上面有哺乳、沐浴設施，母親可以使用裡面的沐浴設施與護膚用品，也可以找幼兒保姆托育諮詢；開心玩區域，除了有繪本、DVD和會發出聲音的玩具之外，就連溜滑梯和三輪車等設施也一應俱全。而費盡最多心力的地方就是溫馨聚集區域，這裡除了提供輕食、飲料、嬰兒雜誌之外，還準備了可以上網的電腦、資訊交流筆記，主要用來當作受災區的母親交流園地。

費心準備了這麼完善的設施，如果顧客不知道，也沒有前來體驗的話，那麼，這個活動就一點意義都沒有了。於是小組根據保健福祉課的承辦人員的建議，事先在當地的報紙河北新報裡夾上宣傳單，然後在避難所貼上宣傳海報，在公告上費盡全力。

成果：

在到處都看不見人影的瓦礫堆光景下，後輩們懷著不安，正式迎接開張的第一天，結果，前來參加活動的母親和孩子，超出他們預想，且孩子們玩得十分開心。

在六月過了一大半的時候，溫馨聚集區域裡，透過網路找工作的人也開始增加，資訊交流筆記裡面也寫滿了母親們的留言：「幫寶適讓我的心靈變得從容。」、「成天窩在窄小臨時住宅裡面的孫子，現在終於可以痛快奔跑了。」、「這裡是個可以澈底放鬆的美好場所。孩子們的笑容也為我帶來了活力。」對小組來說，最令他們感到開心的事情，就是看著孩子們玩耍的母親們，她們臉上的燦爛笑容。

五月二十三日開始的這項企劃，在九月三十日結束，之後，幫寶適轉為與國際非政府組織「救助兒童會」（Save the Children）協辦活動，持續協助受災區。

P&G 工作術，高手這樣練成

1 所謂的顧客導向，是實現顧客的嗜好（身心靈的提升與期待），並提供LOVE 體驗。

2 為了實現顧客導向的P&G五步驟：

- ・設定目的和策略。
- ・分析周邊環境。
- ・WHO（了解顧客）。
- ・WHAT（提供給顧客的價值）。
- ・HOW（建立與顧客之間的關係）。

2　五個E，鍛鍊領導力

在P&G裡，領導力就是影響力。而領導人，便是擁有影響力的人；不是居於高位，而是發揮影響力，以推動、達成某些事物。所以，任何人都一樣，即便只是個新進員工，仍擁有領導力。

品牌創造也是相同的概念。P&G的品牌之所以如此強大，祕訣就在於創造領導品牌。正因為市占率第一，所以更不能因此滿足，而是要隨時跟進、發展，使品牌足以發揮影響力。為了能持續帶來影響，讓消費者的生活變得更好，所以才需要有領導品牌。

有一件事令我印象深刻，那一件事讓我真正了解到，「在市場上成為領導品牌」的觀念。

在某次市場行銷培訓課程中，大家一起分享公司內部的成功事例。當時分享了一個市占率從谷底翻身，躍身變成頂尖品牌的事例。會議中，我們以那個事例為基礎，試著思考能夠應用什麼樣的策略，提升自己品牌的市占率。

那個時候，負責風倍清的年輕人舉手發言：「我們的品牌是商品類別的第一名。而且市占率高達八〇%以上，和競爭對象之間仍有差異，所以應該很難再提高市占率。」對公司內部來說，這真是一段令人不悅的發言。

相較之下，會議主席的巧妙回應，令我十分印象深刻：「八成？那頂多只是除臭噴霧類別中的八成吧？如果從更廣泛的角度來看呢？如果把放置型除臭劑等主流商品納入其中，從整個除臭劑的市場來看，結果又是多少？在除臭劑這個大項目裡面，噴霧類別頂多只占了二〇%吧？如果以除臭的領導品牌來看，結果又是如何？噴霧型類別是不是也可以想辦法在除臭劑類別裡更進一步擴大呢？也可以想辦法靠噴霧以外的型態，成為除臭劑的領導品牌吧？不管怎麼說，為了讓消費者的生活更加舒適，應該不會有『已經辦不到』的情況，可以做的事情應該還有很多才是。」

對於領導力的使命，P&G的前執行長約翰・派伯（John Pepper）這麼定義：

「引導並實現驚人業績，引導並實現組織和個人目的的成長，進而實現描繪未來的創造與持續。」

每個人都是主管，即便是進公司的第一年

「請當個領導者」，在Ｐ＆Ｇ裡面會不斷聽到這樣的話。

其實從第一年開始，如果說得更誇張點，應該是從第一天開始，我就被任命為專案經理。雖說是主管，但是，才剛進公司的我，就算說我什麼都不會，一點也不為過吧？對公司、品牌僅有片面了解，也尚未具備身為公司一分子的意識或禮節。

就算如此，公司還是讓我擔任專案經理。為什麼？因為他們所期待的是領導力，也就是影響力。於是，我只能一邊聽取主管或前輩給我的建議，一邊推動工作。

Ｐ＆Ｇ基本上是以多功能（市場行銷、研究開發、宣傳、業務、調查、物流、品質管理、網站、售後服務等多種職務）小組的形式作業。

我必須以主管的身分推動專案管理，把多位負責人視為一個小組，謀求意見一

致，讓他們最大限度發揮各自的專業能力，讓專案成功。

首先，要做的第一件事就是把多功能小組的負責人聚集起來。因為大家都很忙，所以光是安排時程就十分費力。我必須讓手邊有多件工作的人，注意到我的專案，對我的專案感興趣，然後發揮能力。

該怎麼做才能獲得大家的協助？該怎麼做才能推動專案，讓專案成功？我就在不斷煩惱這兩個問題的同時一邊嘗試，在反覆失敗的情況下持續推動專案。

因為第一年就擔任主管，所以我誤以為那個職務是什麼響亮頭銜或是榮譽勳章，且自以為是個統治者似的，措詞舉止都像是把對方當成傀儡一般。面對我這些不尊重對方的言行舉止，經驗豐富的前輩斬釘截鐵的跟我說：「我不會幫忙妳的專案。」

「怎麼辦？」我頓時沮喪萬分，澈底反省自己的言行舉止。儘管是推動專案，但參與其中的是人，絕對不能忘記同理心和情緒，尊重對方的言行舉止是一切的前提。

即便是第一年，還是要努力發揮影響力。這個時候就可以參考P&G協助培養領導力的五個「行動方針」。

領導力要用行動表示。前執行長約翰．派伯經常被詢問：「最適合的領導風格是什麼？」聽說他的回答是：「這個問題問錯了。為什麼？因為就算我回答了，你也不會有任何收穫。正確的提問方式應該是，『在特定狀況下，應該採取什麼樣的態度或行動？』」

學習領導力的行動方針——5E

那麼，這裡就來介紹一下P&G的領導力行動方針吧！

1. Envision（構想）：描繪未來。
2. Engage（結合）：協同合作。
3. Energize（激勵）：激發鬥志。
4. Enable（啟動）：發揮效能。
5. Execute（執行）：最大效果的實踐。

這些方針並稱為5E，每一個要素都不可欠缺，若要成為真正的領導者，最重要的是開發第一個能力——構想。

接下來就搭配我的經驗，逐一為大家詳細說明各個重點吧！

1. Envision（構想）：描繪未來。

就是創造未來，將環境改變成對自己有利。

「是否經常尋找更好的做法？」、「現在的工作是否有課題或問題點？」請試著從這些想法裡想像理想狀態，應該就能發現創造全新未來的線索。

我轉移到品牌營運業務部，負責寵物食品等食品類別的時候，把業務部內的宣傳部門改變成影響力行銷（Influencer Marketing）部門，組織的使命是提高公司內部的存在感。

可是，我被調派時的宣傳部門完全是閒置狀態。幾乎沒有預算，更沒有參加重要會議的資格。同時，小組內一同搭檔的後輩，來自被收購的公司，她缺乏自信，畏首畏尾，一直害怕不知道什麼時候會被開除。

於是，我拋出了這樣的目的，「在半年內，提高影響力行銷部門在公司內部的發言力（參加所有重要決定的類別會議），在一年內取得三倍以上的預算」，一口氣提高了小組的士氣。

2. Engage（結合）：協同合作。

就是與人合作，跨越公司內外、縱橫部門之間或組織的障礙合作。

P&G在二〇一二年被選為領導力培訓的頂尖企業。領獎時，前執行長麥唐納（Bob McDonald）說：「一九八〇年代開發領導力方針時，只有3E（Envision、Energize、Enable），現在已經進化成5E。其中一個全新加入的E是Engage，即合作。現在沒有能夠單靠一個人，就能執行一切的領導者。若希望完成工作，就必須巧妙的把周遭人拉攏到自己身邊。所以我們現在要把心力投注於訓練協同合作。」

若要提高小組的存在感，就要增加與其他部門合作的機會，並且讓對方了解我們能做些什麼、能夠提供什麼，這也是非常重要的部分。

我們決定採用「積極參與寵物類別中的重點策略和活動」，來作為我們達成目的的具體策略。這部分的重要課題，是提升小組的關心度和參與的人。

對於購買寵物食品的消費者來說，獸醫師的推薦具有最重要的影響力，公司內部的商業分析也證實，有獸醫師推薦，會有極高的投資報酬率。我們可以把它有效運用在影響力行銷上頭。

可是，在公司眼裡，我們只是個剛成立的組織，所以公司內部無法理解我們能有什麼樣的變化，因此，我們只能從小型活動開始，一點一滴、慢慢累積成果，並找尋可以提供協助的部門或人，慢慢增加成功事例。

另一項策略是，負責危機管理溝通策略的核心。寵物食品就是寵物用的飲食，當寵物食品的品質管理出現問題時，危機處理的對應會非常嚴峻。因此，發揮領導力，會帶動許多部門協助合作，變成一場龐大的活動。

3. Energize（激勵）：激發鬥志。

若要實現願景，就必須善用資源和人才。

我付出最多苦心的部分，就是激勵前面提到的那位後輩。我自己在P&G工作術的學習上也歷經了許多辛苦，所以十分能夠理解她失去自信的心情，而且我也不希望她因此遭受到嚴苛的考核，白白流失了一個優秀的人才。

於是，我把「提高她的考績」視為我的另一項課題。以策略來說，就是讓她充分發揮她的專業，分派公司需求性較高的職務給她。這樣一來，她會產生被公司需要的感覺，在建立起自信的同時，應該也能提高公司對她的考核評估。

因此，我不斷反覆的告訴她，我賦予她的任務和責任，不但與公司的重要策略息息相關，同時又是她才能勝任的。

於是，她慢慢建立起自信，表情也變得十分開朗，工作上也變得更加積極。以前明明害怕和行銷總監一對一面談，卻在三個月後，變得果敢、自信，敢大聲的說：「這項企劃的成果全都歸功於我們大力推動！」

4. Enable（啟動）：發揮效能。

善用優勢、排除障礙，提高成功的準確度。

所謂的優勢，是能夠不斷反覆運用，並輕鬆實現成果的能力或行動，而效能則是優勢扣除妨礙（不安、恐懼、技能或資源欠缺、願景或目的不存在等）之後的結果。若要獲得認同，就必須拿出實際成果，所以不光只是告訴她：「妳一定沒問題！」同時還必須實際給予協助，讓她可以辦到。

信任她的強項和專業性之外，對於並非是她的強項，卻非做不可的事情，就清楚告知目的，讓她靠自己去摸索解決方法。如果是第一次讓她做的事情，或是困難的事情，就先示範一次給她看，下一次再讓她自己嘗試。

那個時候，我的任務和責任就是了解她的優點，然後從旁給予指導。如果我只是以一個主管、前輩的身分帶領她的話，她只會乖乖順從，工作就會顯得無趣、乏味，進而失去動力。所以，我會盡量避開上下關係，加上因為我經驗比較豐富，了解較多的立場，所以可以在背後協助她實現成果。

到那個時候，我會把榮耀和勳章都獻給她。為什麼？因為她得到讚揚，也等於是我的成就，我也就不需要急於走在前頭。

5. Execute（執行）：最大效果的實踐。

若要讓實踐發揮最大效果，就必須製作專案或系統。

P＆G擅長挖掘本質作為成功法則，並將其定型化、標準化。那個成功法則不光會納入策略，也會在執行階段加以採納，和結合同樣是新加入的E模式。

雖然過去舉辦了各式各樣的活動，但最重要的是，要讓那個活動可以持續舉辦。舉辦一項活動時，一定會產生一些數據。試用率（商品試用者的比例）改變、品牌認知提升、購買意願提高等，都是我們的活動對商業有所貢獻的證據，同時也是活動是否值得持續且擴大的依據。

甚至，為了有系統性的持續擴大，必須要導出什麼是成功主因、哪些是必要條件，並將其轉換成方法論（Methodology，步驟或做法）。例如，當獸醫師齊聚的疾病飲食研討會有所成效時，就要決定獸醫師希望前來參加的時間和會場、吸引顧客的手段和必要的活動內容，然後敲定預算，讓活動可以每年固定舉辦。當然，獸醫師對於P＆G寵物食物的認知度自然會提高，同時希望推薦給使用者的機率也會增加，這時也能取得相關的數據。

最重要的是，即便是活動專案，仍然必須根據目的和策略，確實依照顧客導向的五步驟進行企劃。

在透過上述發揮出領導力的三個月之後，重要的決策會議一定會有我們的身影，一年之後，更獲得了九倍的預算。

另外，我們的寵物食品類別更登上了全球之冠，以日本代表的身分得到了簡報的機會。不管是在同類別還是業務部，我們的小組都分別獲得了金賞，並在一年內澈底大翻身。

P&G工作術，高手這樣練成

1 領導力就是影響力。

2 領導力要靠行動表示。

3 P&G式「領導力的五大行動方針」。

・描繪未來。

・協同合作。

・激發鬥志。

・發揮效能。

・最大效果的實踐。

3 洋芋片上看到黑點的風險管理

工作的時候，要隨時把突發狀況的可能性放在腦海裡，並預先擬定策略，這是非常重要的事情。在日本，不管是政治或是企業，從處理問題時的對應來看，多數人對風險管理的意識都很低。

風險管理是預防危險。任何人都不希望發生突發狀況，可是，仍然要把它放在心上，必須預先設想可能會發生的情況，並且提出一個又一個的策略。

我負責品客（Pringles，現已不是P&G的品牌）的危機管理時，即便是顧客一通微不足道的簡單諮詢電話，仍然會和危機管理小組們共享，並馬上召集小組，先確認是否有任何問題。

例如，「洋芋片上隱約看到黑點」，碰到這種諮詢時，那個黑點很可能只是馬鈴薯的焦垢，或是香料成分，但是，也不能完全排除是異物的可能。這時，我們會馬上檢查外部，請求判定成分。同時，從馬鈴薯田開始，一路追蹤到工廠、倉庫、運送路徑，確認過程中是否有任何異常。最後，迅速且誠實的把資料等文件，提供給顧客或廠商，說明產品沒有任何問題，敬請顧客安心食用。之所以能夠做到這種地步，就是因為我們從平時就已經徹底做好危機管理。

馬鈴薯田的管理狀態、運送方式，以及當時的溫度與溼度、工廠設備的檢驗，或是製造工程的層層監控與記錄、衛生管理，全都不在話下，不光是我們自己的標準管理，外部的政府機關也會定期檢查，嚴格控管。

當然，過程中也包含了外部業者（運輸業者或工廠），凡是與產品製造相關的部分，我們都會要求業者以相同的態度重視，確保最高的安全品質，善盡委託者的嚴格管理責任並予以指導。

只要確實做好預防工作，就能預防。因為是突發狀況，所以即便做得再怎麼完美，仍可能發生。那個時候，只要能夠完整說明從農田到裝箱的所有過程，就能夠知道發生了什麼情況，並且提高說明問題和證明產品沒問題的準確度。如果發生了什麼問題，就可以馬上知道如何處理，並採取因應措施。

在工作上，是否能夠把資訊或數據，尤其是數字，當成證據提出？例如，消費者的定量調查是用來了解消費者的手段，同時也可以用來判斷經營方面。「我覺得Ａ方案比較好，因為我認為……。」與其列出這樣的主觀理由，不如換個說法，「有八成的消費者都選擇Ａ方案。」只要這麼說，其他人就提不出反對的理由。

而且，就算Ａ方案進展得不順利，選擇Ａ方案的這個舉動也不會遭受非議。這個時候，只要以「Ａ方案應該是正確的」為前提，找尋其他無法順利進展的理由，應該就能找到更有建設性的方法。

用來作為判斷、決策的資訊，同時也是為了保護我們自己。工作的時候，就隨時備妥客觀性的證據和理由吧！

預防也是一種準備工作。不管在組織的編列上，或是工作推動上，都必須隨時想像突發狀況的風險。

危機處理的速度和正確性，讓顧客更忠誠

就算好不容易把好的商品或品牌上市，仍可能因為一件客訴或一點問題，對商品或品牌的形象造成巨大傷害。當然，如果商品或品牌真的有問題，導致顧客蒙受損害，那就必須馬上止血。發生客訴時，迅速解決是最基本的鐵則，而如何向顧客或廠商說明的溝通技巧，就顯得非常重要。

是不是應該道歉？該為什麼道歉？該修正什麼？必須以什麼為訴求？這些全都是溝通策略。顧客的每一件客訴都代表「不會再次購買商品」，相對的，處理客訴也可能讓顧客變成粉絲，進一步提高忠誠度。在網路普及的現代，一件小小的客訴，都足以演變成一場極大的危機，所以速度非常重要。

負責寵物食品的時候，我們收到顧客充滿熱情的來信，那封信在公司內四處傳閱。當初因為有部分商品可能有問題，所以我們很快速採取回收作業，向顧客說明並退款、更換成新的商品，而那封信便是為了感謝我們的快速回應，內容如下：

「我們家的寵物只吃貴公司的產品，所以老實說，我一直很猶豫該不該請求退貨。可是，經過貴公司的親切說明，我安心了許多，而且之後的所有對應也都十分誠懇，這樣的對應也讓我重新認知到，貴公司的產品真的是值得信賴的品牌。今後我依然會是貴公司的忠實粉絲。為了寶貝寵物們的健康，也請你們今後繼續製作出更棒的產品。」

危機管理的溝通目的是讓顧客安心，贏得顧客的信賴。因此，重要的是快速，並盡可能及時回應。可是，更重要的還是正確無誤的傳達事實。只考慮到速度，卻說些毫無責任的話，反而會讓顧客更加不安，之後更會失去信任。

在必要的時機點，提供必要的事實資訊，才是最重要的關鍵。當無法馬上提供事實資訊時，就要真誠坦白，清楚告知為什麼沒辦法馬上說明的理由及狀況，並告知何時可以公開說明。

站在顧客的立場去思考，顧客想了解什麼、對什麼有疑問，如果得知什麼訊息，就能感到安心，從而產生信任？試著思考後，就能讓溝通的內容更加堅不可催。

一百多種品項，刪減二〇%不適用的

Ｐ＆Ｇ是非常保守的企業，不擅長應付市場變化，所以或許外界認為Ｐ＆Ｇ很難有創意發想。但其實只要能夠敏銳觀察周邊環境，察覺到傳統做法已經無法適用的話，就要馬上當機立斷，快速、靈敏的採取因應措施。

過去，Ｐ＆Ｇ曾經把多種品牌並列在一種類別內，再進一步讓一種品牌擁有多種商品項目，光是牙膏品牌 Crest 就有五十二種之多。Ｐ＆Ｇ採取和其他競爭公司相同的策略，而大家都採取的策略便是業界的規則。在這個規則下的勝利者，即為Ｐ＆Ｇ。Ｐ＆Ｇ的商品在商店貨架上占了很大的空間，且營業額持續增長。

可是，環境會改變。商品種類那麼多，也未必所有商品都可以暢銷。於是，大型零售連鎖店開始停止販售銷量不佳的不良品牌，以及種類過多的品牌。零售連鎖店更透過庫存管理自動化，開始掌握市場的主導權。

對Ｐ＆Ｇ來說，過去的商品擴充策略已不再是有利的策略。同時也發現，生產銷售量較少的商品，其實很沒效率。於是，Ｐ＆Ｇ改變了規則，針對種類多達一百種的品牌，刪減掉一五%～二〇%的商品項目，而光是頭髮保養產品就減少至三分之一。結果，整體的銷售額不減反增。於是，其他製造商馬上跟進仿效。

就這樣，業界的規則也改變了。所以，必須隨時順應周遭的環境變化，在必要的時候，採取快速的應變行動，這也是風險管理的一種。

部屬提出請求，主管會馬上和他談談

商品相關的風險管理，應該要馬上採取應對方式，偏偏有些企業對變化的反應很遲鈍，對應起來就更遲鈍，不如說，這種企業大概非常多。可是，正因為對象牽扯到人，所以有任何問題時，就更應該迅速對應。

在進入P&G約過一年左右後，我十分煩惱。我經常收到這樣的意見回饋，「缺乏策略性」、「不符合P&G的作風」，可是，我卻無法理解他們指的到底是什麼。

畢竟當時我正處於非常特殊的環境：一個人窩在東京辦事處，管理四、五名派遣員工，加上進入公司以來，很少去神戶總公司（也就是完全沒有P&G的基因）。主管像乒乓球似的，往返於神戶和東京，就算來到東京辦事處，也幾乎沒什麼時間坐下來好好談話。

我自己在周圍完全沒有半個P&G員工的偏遠環境下，面對電話會議、處理電子郵件、自我訓練，只有去總公司的那幾天，才有機會接觸到P&G的工作方式，我幾乎等同於是自學狀態。

這樣一來，我既無法達到想學習P&G工作術的目的，也無法在打考績時獲得高分（就算能夠達到目標，如果沒有充分發揮P&G所要求的能力，也無法獲得較高的評價），完全沒有半點受惠於全球規模且多元性大企業的感覺。

得不償失的心情、疏離感、評價遭受低估的不滿、看不到未來的不安，猶如漩渦般籠罩全身，讓我失去了衝勁，也喪失了自信。於是，我下定決心，希望能和本部長好好談談。

本部長是個一刻不得閒的超級大忙人，但是，她還是優先留了時間給我，甚至聽到我的請求之後，「那就馬上談談吧！」她的行動力更是快速的令人吃驚。在兩至三個月之後，她給了我一個在神戶總公司擴大分配（Broadening Assignment，為學習廣泛知識而推動的期間培訓部門異動）的任務。也就是說，她給了我一個新的職務，可以實現我的課題和希望，同時又能讓我充分發揮長處。當然，這個職務不僅對我有益，而且也能幫助我的小組達成目標，滿足小組的需求。

為避免我的突然離開，對原本所屬的小組造成困擾，她也採取了所有支援措施，幫我安排好了一切。公司還幫我承租了為期六個月的月租公寓，讓我可以毫無顧慮。

多虧如此，我才能在總公司充分接觸P＆G的文化，與更多人交流，參與大型企劃，同時負責把日本開發的商品推廣到全球，充分感受國際型企業的醍醐味，好好享受神戶生活。因為有主管快速的行動，我才能真切感受到自己被認同，並且恢復幹勁和自信，心靈上得到大大的滿足，而我也以回報的心情，激勵自己成長，期望善用這些經驗，為公司做出貢獻。

我認為珍惜人才，可以讓人成長、發揮力量；把人當成珍寶，就是把人才變成「人財」。保護最大的財富，或許就是最棒的風險管理。

P&G工作術，高手這樣練成

1 隨時把發生突發狀況的可能性放在心上，預先擬定對策。

2 對周圍的變化靈敏反應。若有必要，就不要害怕改變。

3 解決突發狀況，速度重要，正確傳達事實更重要。

4 危機會因為處理的方式而變成最大的轉機。

5 員工是最重要的資產。無論如何，都應該優先應對。

第三章

四大行動，提升工作品質

1　一張A4筆記紙，讓人三分鐘就理解

P&G員工平日都採取什麼樣的行動？接下來就針對筆記和時間管理來說明。或許沒辦法馬上澈底模仿，但是，只要大家可以從辦得到的部分開始，一點一滴的學習，那就太令人開心了。

P&G非常重視撰寫筆記。這裡所說的筆記，並不是像電話備忘錄那種，一般所想像的筆記。在P&G裡面，所有與業務相關的文件都被稱為筆記。

筆記的種類各式各樣，提案、確認同意事項、提供資訊、問題相關的回覆、學習事物的總結、結果報告書、指示書等資料都是筆記。

P&G的筆記有一貫制式的寫法，格式必須是A4單頁（P&G有全球標準的紙張大小），**內容必須是任何人都可以在三分鐘內理解、接納並判斷的程度**。因此，

P&G甚至還有「筆記寫作」的內訓課程，並鼓勵新人積極參與培訓課程，向前輩們學習筆記寫作的基本方法，因為筆記是在P&G裡溝通的基本手段。

依照基本形式，主管會親自檢查日常所有文件，然後像老師那樣，拿紅筆多次修改，直到內容足以見人的程度。這可說是所有P&G的新鮮人都必須經歷的儀式。

即便是一份簡單的報告，也可能被要求重寫好幾次。如果是**新進員工，十次、二十次更是家常便飯。就算以為好不容易通過了，也可能被高層退回重寫五次**。

我第一次看到提出的筆記被退回的時候，心裡一陣錯愕。那是我從未見過的景象，回到我手中的筆記，一片滿江紅。感覺就像是自己寫出的文字，完全一字不留似的被全面改寫。就算照著訂正的內容重寫，仍是滿江紅，就這樣重複了好幾次。等到好不容易修正到紅色部分已經算得出來的時候，才隱約找到方法。

重要的資訊是什麼？是不是只要用淺顯的遣詞用字，簡單表現出重點就可以了？只能這樣慢慢推敲（順道一提，P&G裡面的文件或電子郵件全都是用英文）。最後終於完成時才知道，應該刪掉所有多餘的內容，明確的表明主張，使內容澈底精簡。

單頁筆記的內容必須符合目的、具備所有的必要資訊，文章的結構必須一眼就能理解且簡單明瞭，同時，數據和資訊也必須正確，得澈底排除不需要的資訊、缺乏邏輯性的內容，以及毫無根據的意見。

如果十句話的內容，能用八句話充分表達，就要修正；如果表格或圖表比文章更能清楚表現，就要修正；沒有數字的內容也要修正；應該製成附件資料，而非加入本文的內容，就要修正；可能造成誤解，或無法正確傳達的文字表現，就要修正成更適當的表現；拼寫錯誤或計算錯誤等內容，也需要修正。

如此一來，筆記就會變成更加簡潔、明確、更具說服力，且可以馬上化成簡報，就算沒有刻意召開會議，仍可以代替自己，有效的跟其他人共享資訊，促進快速決策，形成強而有力的溝通工具。

老實說，當自己的筆記在公司內部被傳閱，看到那份筆記的社長，或是平常很少往來的國外小組說出「Great」的誇讚言詞，相繼寫信來表示「筆記很棒」的時候，我真的十分感動。

所有資料彙整成一張

P&G筆記的格式本身非常簡單，真的只會收錄必要資訊。就像接下來所介紹的六點一樣，因為只會寫出理所當然，卻都是必須加以考量的重點，所以不管是什麼企業、什麼人都可以應用。

1. 目的和結論的重點。
2. 背景資訊。
3. 主文（提案／報告／重要訊息）。
4. 根據。
5. 檢討事項或課題。
6. 今後應採取的行動。

目的和結論的重點，是決定閱讀者思維模式的重要環節。要明確表達自己使用這份筆記，是希望獲得什麼？以及寫這份筆記的目的（提案、報告、或共享重要資訊）和結論的重點（這份筆記對業務有什麼益處？針對什麼？為什麼？什麼時候？專案的目標是否與公司的目標策略相連結）。

背景資訊往往會遭到忽視，但其實背景資訊很重要，有時也會成為關鍵。因為背景資訊有兩個功能，第一個功能，是把筆記的主題和公司或品牌的目的策略連接起來；另一個功能，是清楚載明企圖解決的問題。

具體來說，就是寫出事實、過去的數據，以及說明「為何現在要寫出這份筆記，並公布給大家看」和其契機等題目。

主文，就是詳細結論的重點，不過，就只明確記載重要的部分，也必須與背景資訊說明的解決問題對策有所關聯。可以採用項目條列式寫法，讓主文更為明快、簡潔（基本彙整三至五個以內）。

根據，是加上讓主文更加淺顯易懂的數據，或是可以證明的資訊或數據。確實表示主文的理由和根據，同時免除疑問。

檢討事項或課題，具有解答閱讀者的疑問、預測未提及事物，以及檢討風險或替代方案的作用，同時也具有釐清未來課題的作用。

今後應採取的行動，是根據上述的所有資訊，載明撰文者或小組未來應該採取的行動。

如前面所陳述的，撰寫筆記時必須重複推敲好幾次，反覆琢磨想法和表現。可是，修改並不光只是更動表面，主要核心是最重要的訊息（自己真正想傳達的是什麼）。多次改寫的過程，可以把思緒理得更清楚，讓原本模糊不明的事物變得更加清晰。等到最重要的訊息變清晰之後，就可以刪除多餘的資訊或是字句。透過這樣的方式，就可以只保留這份文件最應該傳達的重要內容，並更有邏輯。

那麼，筆記寫好了。接下來就是再次確認，重點有下列幾項：

1. 目的是否明確（自己希望用這份筆記得到什麼）。
2. 閱讀者是否能夠理解（鎖定某個人為閱讀者，思考什麼事情，能夠成為決策關鍵的要素）。
3. 文章是否明確、簡潔、完美（簡短俐落，不會導致閱讀者誤解的文章）。

4.是否是正確的文章、資訊。反覆檢查錯字、漏字、數據、句子的連接、文法、標點符號等（主管或同事的雙重檢查），並確實校正。若有錯誤，就無法實現筆記最基本的作用。

而更聰明的做法是：

1. 一句話講完最重要的事情。

2. 把重點濃縮成三項。

只要注意到這兩點，就能夠把重要的訊息放進一張紙裡面，寫出具有講稿功能的文件。

先試著挑戰把資訊彙整成一張吧！這種基本筆記的寫法，可以鍛鍊出統籌性的觀點與邏輯性的思考。同時也能培養出商業頭腦，把自己現在正在做的事情，和公司的事業目的與策略連接在一起。

依據：

1. 購買洗衣精的消費者，約有 75% 都是親自前往店鋪購買。決定購買哪種品牌的關鍵電視廣告，有助於提升相對於價格的商品價值，但是因此，實際的店鋪價格才是更重要的關鍵。

決定購買品牌的理由

價格	55%
洗淨力	35%
品牌形象	30%

購買品牌的決定時機

在店鋪決定購買品牌	75%
事前就決定好購買品牌	25%

（取自 2012 年 9 月購買者調查資料）

2. 根據調查，價位如果落在 300 日 量達到 25%。該銷售額 45% 推測來自於 對品質的形象變差，銷售數量止於 比現在的 19% 下降 1%。

添加數據讓主文更易於理解。

Index（%）	價格	銷售數量	銷售金額
現行	348 日圓	100	100
新價格 C	298 日圓	150	125
新價格 D	248 日圓	140	95

（取自 2012 年 10 月價格相關的消費者調查）

課題／應採取的行動：

- 調降價格，為避免損及高品質的形象，透過媒體和店鋪，持續宣傳品牌 A 的「99.9% 殺菌力」。

P&G 筆記的格式十分簡易

把真正必要的資訊彙整成一張

下一期洗衣精品牌 A 的價格修訂提案書

目的：把品牌 A 從市場 No.3 品牌（銷售金額市占率 20%），變成 No.2 品牌（市占率 25%）。

戰略：消除品牌 A 的高價位形象，提高在店鋪裡的銷售額。

透過目的和結論，表明使用這份筆記，希望獲得什麼

背景：

- 在市場占有率 No.2 的品牌 B 的競爭下，品牌 A 因為 而被超越，進而陷入苦戰。
- 前期，品牌 A「相對於容量來說，價格並不高」的結 到 6 期的品牌形象調查中，品牌 A「價格偏高的形象 24 個百分點（從 64 變成 37），市占率也改 （22%）。可是，7 月至 9 月期間，「價格偏高的形象」再次攀升至 50 個百分點，市占率也下降至 21%。原因推測是店鋪的特賣活動減少所致。

經常被低估，事實上卻十分重要的背景

	目標	1-3 月	4-6 月	7-9 月
	25	64	37	50
市占率（%）	25	20	22	21

（取自 2012 年品牌形象成績數據）

結論：

- 若要消除價格偏高的形象，就必須讓店鋪價格與競爭對手的價格相同。下期，把品牌 A 的容量從 1kg 變更成 0.8kg（減少 20%），同時，建議把零售價格從 348 日圓，變更成與競爭品牌 B 相同的 298 日圓（減少 15%）。
- 策略性的把市場行銷預算應用在店鋪的促銷費用上面，同時，媒體（電視廣告、雜誌廣告、網站）方面的品牌認知盡可能限縮在必要的最小限度。

主文只明確表達重要的事項

採用 P&G 筆記，部門內部文件更流暢

尾牙餐會的提案

目的：部門全員共同慶祝本期的優異業績，團體齊心一致，讓下期能有進一步躍進。

背景：・本期的績效大幅超越目標！
・新部長來部門的第一期。還有很多人沒有和部長面對面說過話。
・即便同一部門，只要參與的企劃案不同，彼此就不容易交流（「即使同部門，卻不常交流的人」占三成）。

戰略：・希望了解部長，增加交流的機會。
・增加同事相互交流的機會。

方案：場所和日期時間：××
節目
①部長的爆笑起伏人生劇場
了解部長個人，深刻理解小組的願景（透過 PowerPoint 介紹成年後至今的人生，和下個年度的目標）。
②暱稱賓果（製造參加人員對話的機會&簡報&創造部長和員工間的交流）。
・參加人員在服務臺寫下自己的暱稱，把紙條放進箱子裡，並請參加人員填寫空白的賓果卡。
・參加人員在派對的自由活動期間，聽取其他參加人員的暱稱，填滿賓果卡。
・部長抽出服務臺收集的暱稱紙條，進行賓果活動。

依據：若要填滿賓果的空白欄位（5×5），就必須和 25 個人對話，除了同桌人員（6 人）、小組（10 人以下）之外，肯定能創造出與平常很少接觸的人對話的機會。

檢討事項：安排席位也必須詳細考量，巧妙的讓小組成員和其他人員混坐在同一桌。

下一步：為了製作簡報，需要請部長提供照片等素材，並接受 30 分鐘左右的採訪（於×月×日之前，由 C 負責執行）；購買賓果卡和獎品（×月×日之前，由 C 負責執行）。

受眾分析——配合閱讀者客製化筆記

這是我在準備商業簡報時的事情。由於我提供給小組、部長的簡報都十分成功，所以大家認為應該也要給社長簡報一下。我打算用受到部長大力誇獎的簡報，因而提出了幾乎沒有變動的簡報資料。

結果，社長一句話便回絕了我：「完全沒有受眾分析（Audience Analysis，聽眾分析）。」也就是說，社長完全沒有理解這份簡報所想表達的事。

對於經常一起推動企劃的小組成員，或是以部門負責人的身分，了解業界或企劃概要的部長、統籌多數類別或部門的社長來說，他們所擁有的業界、競爭者和消費者的資訊量是截然不同的。

對小組成員來說，企劃內容、小組所面臨的課題或挑戰，早已經是小組成員都知道的事實，但對社長來說，或許是第一次聽到。那些共享或是加以省略的背景資訊（有什麼樣的課題？為什麼有難度？有什麼樣的全新挑戰？）對我們來說，就像是理所當然的事，而這個時候，最重要的是如何重點傳達那些資訊。

知識、資訊量、參與度，與之伴隨的興趣、關心度，會因為閱讀者或聆聽者而有所不同。因此，必須注意到這部分，並站在對方的觀點，讓對方認為「這裡有有利的資訊」。

也就是說，要改變筆記的閱讀方法、注意需要強調的部分、了解使用哪種字句可以更令人印象深刻，就連筆記的寫法也要跟著改變。注意受眾分析，更進一步的把它應用在筆記上吧！

比起格式，更要磨練內容

一聽到「筆記具有講稿作用」，大家或許會認為比起 Word，用 PowerPoint 會更好。其實，送交給廣告代理商的提案書等文件，多數情況都是用 PowerPoint。可是，對和我合作的代理商，我都要求「**請不要使用 PowerPoint，請利用 Word 來製作提案書**」。因為我希望他們能夠謹慎評估內容，並加以精簡。

PowerPoint 在視覺表現上十分優異。以 PowerPoint 的特性來說，關鍵字比文章來得鮮明，還可以靠插畫掌握資訊，用箭頭省略說明，讓人產生前後連接的錯覺，所以乍看之下，似乎是個很不錯的提案。

可是，千萬不能被騙了。仔細一看，就知道完全行不通。完全不知道是什麼提案，不知道想表達的內容是什麼，箭頭盡頭的結論並沒有和前段相連接，儘管關鍵字理所當然的排列在一起，但是內容卻很薄弱……。

實際上，如果針對省略裝飾的文章含意，或者是利用箭頭或頁面切換所省略掉的連結部分來提問，幾乎所有簡報者都回答不出來。因為他們浮現在腦中的資訊，不是沒有連結，就是沒有語言化，然後在這樣的狀態下，就自以為已經完成了。

相較之下，Word 沒有多餘的裝飾，從目的到提案，整體結構都有明確的邏輯性和連結。如果沒有形成故事情節，閱讀者就無法認同。製作 PowerPoint 時，建議利用 Word 把內容製作成單頁筆記，在腦中好好整理一番。

如此應該可以更快速的製作出沒有半點迂迴，同時又兼具說服力的文件。以這種方式製成的筆記，也能成為報告信件、會議資料，或者是簡報的題材，等於一口氣就完成了八成的準備工作。

單頁筆記的三大效果

筆記具有三種提高速度與規格的效果：

1. 引導出更快速的決策。

好的筆記，可以更明確且快速的傳達寫手的目的、判斷、必要資訊，以及有邏輯的分析。閱讀者可以瞬間且正確的掌握到其目的、正當性與適當性，所以能馬上回答YES，寫手就可以更快速的推動工作。

2. 超越時間和空間，擴大機會。

不論是什麼樣的組織，只要能夠有效的溝通、交流，事情就能快速進展。雖然撰寫筆記十分費時，但只要是優異的筆記，就能讓業務進展的更快速。

傳達筆記，會比口頭上的交流更加正確，而且，就算不在相同的場所或時間裡，仍可透過電子郵件或檔案的方式，有效傳達給位在其他場所的人。

3. 提高資訊處理的速度和準確度。

筆記對寫手來說，具有範本作用，對閱讀者來說，則具有系統化的作用。其結果可以提高資訊處理的速度和確實性。

只要把筆記規格化，就可以更快速的了解哪個部分應該寫些什麼，即便是第一次撰寫的人，仍然可以依序填寫，也不需要每次煩惱不知道該寫些什麼，可以穩定輸出品質，同時又能提高速度。

閱讀者也可以更有效率、有效果的判斷更多資訊，達到輸入效率化。

某個國外的廣告代理商採納了P&G的筆記，他們說：「P&G的筆記全都是經過計算的。只要以特定的格式編列資訊，就可以馬上理解，好的想法會更加耀眼，不好的想法則會被淘汰出局。因為可以提前發現錯誤，所以幾乎不會有問題。那就是他們成功的祕訣，也就是他們的精準率高於其他公司的原因所在。」

光是把自己的文件寫法格式化，就可以提高輸出速度，同時，總是檢視相同格式文件的主管或小組，也能夠因此提高輸入的效能。

成長的捷徑：保存加上模仿他人的筆記

寫出好筆記的關鍵祕訣，是**保存高層主管或主管提出的優秀筆記或是電子郵件，並加以模仿**。如果看到淺顯易懂、兼具說服力的筆記，就可以把它用成檔案存放起來，作為參考用的格式範本。

只要保留幾個參考範例，就可以輕易看出哪些部分最吸引人，同時找出各自的共同點。只要進一步把那些共同點系統化，就可以建構出專屬於自己的格式與範本。

需要注意的是，要把文章整體保留下來。如果覺得「這個地方很不錯！」然後只截取那部分的話，事後再回頭看時，就會一頭霧水。為什麼？因為目的和前後的內容本來就是相連的，為了能再次確認那個部分的優異之處，保留文章整體吧！然後，覺得很不錯的部分，就要積極採納、模仿。

首先，直接依樣畫葫蘆是個不錯的方法。模仿文章整體，就可以實際體會文章的結構、遣詞用字的選擇方法等節奏感。尤其，看到主管或業務小組的文件、電子郵件、演講稿的時候，就積極保存吧！不光是公司內部的文件或電子郵件，也可以保留提供給媒體或公司外部的文件。

主管的文件當中，最值得注意的點是關鍵字。為了更淺顯的傳達給更多人知道。他們通常都**很擅長使用關鍵字**。**只要注意主管們經常反覆使用的關鍵字**，就可以了解公司的目的和方向，進而趕上公司內部的趨勢。

購物者行銷（Shopper Marketing）、觀念創新（Idea Innovation）、摯愛品牌（Lovemark Brand）等關鍵字會依每年公司的策略而改變，所以談論自己的企劃、寫筆記時，要注意把這些關鍵字放進文章裡，這樣就能自然的與公司的方向產生連結，或是讓文章更令人印象深刻。

請從模仿好的筆記開始，試著製作出自己更容易運用的筆記格式。如此應該就能更進一步提升工作效率。

如何撰寫更具說服力？

筆記的最終目的，就是讓閱讀者認同。

如果那份筆記是提案書，就會希望閱讀者推自己一把，「那就試試看吧」；如果是核准委託書，就會希望閱讀者可以馬上蓋下印章，就是要寫出這樣的文件。

為了提高說服力，試著在前面說明的基本筆記寫法，加上三個項目吧！

1. 寫出具有影響力的標語。

最後，寫出明快且具有影響力、讓人能夠做出決策且吸引到對方的標題吧！就跟報紙標題一樣。例如，比起「本期達成目標」，可以寫成「本期較去年成長一一二%，連續兩年達成二位數成長」，這種寫法，反而更能夠給人有寫絕佳資訊筆記的印象。

2. 使用正面且積極的詞語。

與其說些「不好」、「感到不安」的消極言論，「能解決……課題」這樣的說法，更能讓身為商業人士的你贏得他人信賴。

文章的語調攸關整份筆記的印象，而那個印象會與寫手的形象直接連接。只要控制好文章的語調，就能把積極且充滿自信的形象帶給對方。因此，要以能表現出正面且積極態度的語調去撰寫。

3. 考量閱讀者的舒適度。

為了給予閱讀者好感，就必須有視覺性的影響力。注意留白或段落空格，彙整成七至八行以內的短段落，然後再加上小標題和標點符號。如此就能透過視覺，傳達出易閱讀性。只要緊緊抓住對方的心，就能更添說服力和接納度，訣竅就是，站在閱讀者的立場，增加訴諸於情感的表現。

會議結束前，會議紀錄完成

不論是哪間公司，每天都會不斷的被會議追趕、追趕、再追趕。P&G也不例外。會議就像是跟時間賽跑一樣，每天都有許多來自各方的邀請，每天都有緊鑼密鼓的會議行程。

經常聽到許多人都有會議方面的煩惱（會議時間太長、沒有意義的會議太多、不知道會議的目的、為什麼自己非出席不可、會議的結論是如何等），而其中最重要的是，會議檢討之後，該怎麼有效運用檢討的內容。如果沒辦法運用，開會就完全毫無意義了。

在P&G裡面，大家都有個習慣，那就是在會議過程中，明確且快速的把會議決策的事項、接下來應該採取的動作筆記下來，並在最後做確認，達成共識。這才是最有效率的方法。

如果在會議最後送出彙整筆記時，出現「結論不同」、「我沒辦法執行」之類的不同意見，或許就需要重新統整。

製作會議摘要十分簡單。P&G沒有什麼會議紀錄之類的文件，負責摘要的人或是書記，在會議的最後，會把結論（若有必要，還會列出檢討事項），以及接下來應該採取的行動，寫在投影幕上 PowerPoint 資料的最後一頁。讓大家一起看著畫面確認，「這樣的內容是否無誤？若沒有錯誤，就照這樣執行囉？」沒有使用投影幕時，則會在最後以口頭方式統整、確認。

會議的彙整目的，不光只是單純彙整會議所談論的內容而已，同時還包含了下次的行動。因此，全員會一起協議「誰應該在什麼時間之前做些什麼」。那並不是單純的待辦清單，其背後的意義在於提高推動企劃發展的承諾（約束與責任）。

專案負責人的承諾如果不高，事情就不會有進展。執行者也不會懷著熱情，企圖付諸實行。透過那個場合，大家共同協議，就能逐一強化每個人的承諾。

面對經營者的小組諮詢時，也一樣要進行相同的事情。每一個經營者必定要在當場、在眾人面前發表，為了解決課題，必須在什麼時間之前採取什麼行動，甚至把那些決議寫在投影幕上的簡報裡面。這就等於是在其他經營者面前，承諾自己應該做的事情。結果，許多經營者的營業額都比去年大幅成長了一五〇%、二〇〇%。也就是說，提高承諾的行為，必定會被付諸實行，進而實現成果。

只要是全員協議統整出的會議筆記，這樣的會議就不會徒勞無功。之後，一定會執行寫在筆記上的必要行動，推動企劃發展。在會議上協議會議筆記，是讓會議有所成效的鐵則。

當天就傳閱會議總結

會議總結

2012 年 10 月 1 日

出席者：市場行銷部××　設計部××
市場調查部××　宣傳部××
研究開發部××　媒體部××
商品管理部××　業務部××

目　的：價格修訂的協議

背　景：品牌 A 具有高品質、高價格的形象。現在希望透過低價訴求的活動（尤其是店鋪宣傳）或特賣，提高市占率和形象。決定在店鋪購買品牌 A 的人有 75%，所以必須有具競爭力的店鋪價格。經調查結果發現，250 日圓至 300 日圓的定價是不會損害形象，同時又能提高銷售的最佳方案。

會議之前預先寫好的部分

①結論
・協議後決定，把品牌 A 的容量從 1kg 變更成 20%），建議將零售價格從 348 日圓調整成 少 15%）。

②檢討事項
・，有損害高品質形象的風險。要透過媒體和店鋪的 品牌 A 的優點——99.9% 除菌。
・把市場行銷預算全部集中在店鋪的促銷費上面，媒體方面（電視廣告、雜誌廣告、網站）盡可能限制在最低限度。

會議結束後全員確認的部分

③今後的行動
・排定新包裝、新價格商品發售前的時程。
（市場行銷部××　10 月 5 日）
・確定品牌認知所必須的最低媒體量及預算。
（媒體部××　10 月 5 日）
・在下次 10 月 5 日會議時，根據發售時程，協議各小組的任務分配和預算分配。
（全員　10 月 5 日）

挑戰P&G風格的筆記格式

不論碰到什麼樣的主題，都要採用P&G風格的筆記。最後，就來介紹一下實際應用範例吧！（見下頁）

參加了我的培訓課程的學員，以半開玩笑的方式，運用她所學習到的內容，用P&G風格的筆記格式，給我寫了一封闡明目的和策略的感謝狀。

寫這封感謝狀給我的人，肯定不光只是單純的想著「要送什麼給我」，而是帶有策略性的思考「該送些什麼給我比較好」吧！

答謝是她的目的，但是，她背後的目的應該是，「如果可以幫忙宣傳收到的商品，那就太棒了」。她若要實現那個日的，就要把瓶裝水發送給參加研修課程或研討會的學員，她這個選擇真的是太棒了！

不論是什麼事情，都可以用P&G風格的筆記試著寫寫看，讓目的更加清楚，同時又能整理思緒，也能確實把內容傳達給閱讀者。

任何主題都可以變成 P&G 風格的筆記

培訓學員的感謝狀

目的：感謝杉浦精彩的培訓，以及在培訓期間誇讚我的粉紅色襯衫。

策略：從本公司的商品裡面挑選了：
・受女性歡迎的物品。
・選擇可應用於培訓課程的物品，聊表感謝之意。

方案：獻上 350 毫升×24 瓶調理身心靈平衡的水「Herbee」（由療癒效果極高的無農藥香草＋天然水所製成的，喝的純露〔Floral Water〕）。
・Gu-ju（薰衣草 & 檸檬馬鞭草）8 瓶。
・Beat（洋甘菊 & 留蘭香）8 瓶。
・NeFeR（檸檬草 & 檸檬香脂）8 瓶。

下一步：杉浦舉辦培訓課程或研討會時，可以隨時提供贊助。

（股）DELICE 杉浦小姐　道鑒：

敬賀貴公司生意昌隆。前幾天的市場行銷研討會，讓我度過了一段非常有意義的時光，真的非常感謝。同時也學到了許多知識。讓我更願意在公司內與大家分享，一起實踐，鬥志也隨之燃燒起來了。

為了感謝您在研討會當天誇讚我，「妳身上的粉紅色襯衫很漂亮」，隨信奉上本公司的商品「Herbee」。敬請大家好好享用。

另外，如果是老師擔任講師的研討會，或是貴公司主辦的活動，希望提供 Herbee 時，我們可以提供贊助，請不要客氣。

如果有機會，希望還能再次見面。

季節多變，還望您多多留意身體健康，期望您日益活躍。

P.S. 上面是我試著運用培訓結果，清楚載明目的和策略的結果。不知道寫得好不好？

（股）×××
Yamada Tarou
敬上

P&G工作術，高手這樣練成

1 商業文件盡可能彙整成一頁。

2 優先考量文件的目的和閱讀者是誰（受眾分析）。

3 基本要素：結論、背景、主文、依據、課題、下個行動。

4 精進筆記技巧的捷徑是保存、模仿主管或前輩的筆記。

2 共享成功，也共享失敗

在P&G裡面，不光是會議，企劃結束後，也必定會總結筆記，藉此釐清企劃成功的祕訣，或是失敗的原因，然後與小組內外的人員共享。尤其是成功事例，更會在全球分公司內廣泛共享。

P&G會依照商品類別（保養品部門、洗衣精部門等）或部門類別（市場行銷部、調查部或是宣傳部等），定期發表成功事例。小組每個月會舉行一次午餐會，作為簡單的報告會；每季會舉行一次部門會議；每年會舉辦一至兩次，跨商品類別或部門類別的公司會議；每兩至三年則會舉行一次全球大會（亞洲區會議等），P&G會以這樣的頻率，定期舉行成功事例的發表活動和表揚。

不光是會議場合，有些成功事例，也會以郵件報告的形式呈現，或是被投稿到相關部門可存取的股東信箱，就可以更廣泛的學習到全球的成功事例。另外，由於積極應用（模仿）過去的成功事例，可以提高拿出成果的準確性，所以公司也十分鼓勵這樣的做法。在一年一度的人事考核中，幾乎都會被拿來作為評估商業策略的要素。這裡就以洗髮精品牌——潘婷的「冬季宣傳活動」來作為範例吧！

「潘婷讓因靜電而受損的秀髮變得健康又滑順」，在完全沒有新產品或新話題的情況下，潘婷巧妙掌握到，女性冬天才會面臨的困擾，並藉由商品可以解決困擾的宣傳方式，成功增加了二位數的銷售額。

其實，這種「鎖定季節特殊煩惱」的概念，源自於在中國成功的保養品品牌的宣傳。「解決唯有冬天才有的煩惱」，這個概念也在之後的清潔劑、風倍清等產品上發揮成果，就連競爭企業也群起仿效。

只要像這樣，不斷的模仿成功事例，那些方法就會逐漸形成一種專業知識，慢慢系統化、標準化，成為不論在哪個地方，任何人都可以加以運用的成功法則。同樣的，在工作上也一樣，只要模仿成功者（主管或經營小組、公司外部被視為榜樣的人），就能更快拿出成果。

從成功事例開始學習，可以提高成功的精準度及速度。

找出成功主因，讓大家都能模仿

每次企劃結束的時候，養成定期統整結果的習慣吧！

許多企業或人，都會任由工作一件接著一件發展下去，最後導致沒有辦法逐一彙整每一件工作，甚至也沒辦法與其他人共享，對吧？

不管工作是順利，或是不順利，全都是十分寶貴的經驗。如果不仔細回顧、修正，下次還是會重蹈覆轍，而且好不容易成功的工作，也會變成碰巧，或是運氣好。最重要的不是結果，關鍵是為什麼會出現那樣的結果。

就像前面所介紹的，如果成功的主因也可以應用在其他場合的話，那個主因就會變成成功法則。盡可能找出可以一般化的成功主因，並且與大家互相共享，就是提高命中率的祕訣。

前面介紹過的單頁筆記，也很適合用來總結企劃結果。

成功事例值得共享的內容如下：

1. 目的和結果的重點。
2. 背景。
3. 結果的內容和得以證明的數字與數據。
4. 學習和成功（或失敗）的主因。
5. 下次所面臨的課題和應該採取的行動。

其中，最為重要的是第四點的學習和主因。只要能夠巧妙的把它分析成成功事例的話，之後也就能更容易套用。

因此，分享成功事例的時候，請在第四點上多花費點時間。

具體來說，就是下列兩點：

1. 思考促成事例成功的最重要原因（可以試著精簡成一至三項）。

2.思考如果應用在其他事例上，會有什麼效果（如果不同的商品，希望做出相同成果時，有一項非做不可事情，那會是什麼）。

以共享成功主因的觀點，養成彙整結果的習慣吧！

共享失敗事例，避免重複犯錯

在P&G裡面，不管是成功事例，還是失敗事例，都會要求廣泛共享。因為失敗事例當中，也有許多值得學習的地方。只要知道原因，就可以找出改善對策。

話雖如此，但其實P&G並沒有所謂的失敗（不怎麼順利的事例當然還是有）。為什麼？因為他們並不會做出「因為這個原因而導致失敗」的報告。

「整體來說，只差一點點就達到目標了。因為競爭對手推出了新產品。可是，在店面張貼POP廣告（Point of Purchase Advertising，一種店面促銷工具）後，銷售量就回升了，市占率的減少率也維持在小幅度。」像這樣，從中學到什麼、好的部分一定要全部一起共享。不是只談論跌倒，而是要了解掌握到什麼而爬起。即便失敗了，仍可從中找出贏得成功的關鍵。

如果放著失敗不去理會的話，那就真的只是失敗，只要能夠從中挖掘到知識，那個知識就會轉變成邁向成功的一步。沒有失敗，只有為了成功而學習，即便是不順利的情況，仍要努力找出風險管理和邁向成功的關鍵，讓自己免於失敗。

跨領域學習，創新就是這樣來

成功事例的應用或是變換，不僅限於相同品牌、業界或是國家。就算是完全不同的品牌、業界或是國家，只要有成功事例，所有的企劃都可以試著思考看看，是不是能夠加以應用那個策略。

值得應用的部分並不是整個方案，而是要採納成功的主因或是策略（作為方案基礎的想法或方向）。產品的創新、新的點子、新的做法，可以從其他領域學習、創造出的事物有很多。

跨領域學習真的很不錯！若要應用跨領域學習，就必須加以改造，讓它符合自己的商品或是企劃。如此就會創造出全新的東西。

基本上，或許P&G天生就具有十分優秀的客觀角度。

P&G起初是製造以牛油、豬油、棉籽油為原料的肥皂和蠟燭。當豬油價格高漲時，P&G有效運用使用棉籽油的經驗，開發出最初的植物性起酥油。之後，又馬上將棉籽壓碎技術，應用在製作花生醬時需要壓碎花生的步驟上。甚至，還運用壓碎的知識和紙漿技術，發展到開發紙類製品。

在製造肥皂和洗衣粉時，P&G研究水中的鈣，闡明水中鈣和氟的關係，進而開發出添加了氟的牙膏。甚至藉由牙齒和鈣的相關知識，發展出骨骼的研究，開發出用於治療骨質疏鬆的醫藥品羥基乙叉二膦酸（Didronel）。

廣告媒體方面也是，透過客觀角度去應用與變換。例如，衣物柔軟精當妮的廣告，廣告最後播出柔軟精瓶，在堆疊的毛巾上彈跳起來的慢動作場景。這個靈感就來自於潘婷等洗髮精在廣告最後，慢動作展現美麗秀髮的影像（慢動作展現出頭髮蓬鬆、飄逸的情景）。

從客觀角度去觀察，是否能夠把其他人的成功事例，套用或變換到自己身上，這樣的方法會比從無到有，創造出更多創新。

其他人的成功事例不只限於自家公司，競爭對手或是其他業種的成功事例，也可以找出成功的主因或策略，就有機會加以應用或變換。

請試著用客觀的角度，從各種成功事例中發現可以加以應用的靈感吧！

向成功經驗致敬，並系統化

推動共享成功事例的重要關鍵就是反應。

在Ｐ＆Ｇ裡，若以主管（社長或是部長）來說，他們會快速做出反應：「做得好！」、「謝謝！業績會這麼出色，全都多虧你們小組的貢獻。」然後，其他部門的主管就會像是在等待那個反應似的，跟著回應：「做得好！」、「值得參考！」、「恭喜，成功了！」然後，企劃相關的團隊成員也會陸續反應：「謝謝！能夠參與這麼棒的企劃，真的很幸福。」、「太棒了！」

如果是電子郵件的話，那樣的一番誇讚就會一封又一封的湧入信箱；如果是簡報的話，則會在給予誇讚字句之後，再進行Q&A之類的深入探討。

那樣的反應可以讓人感到開心，並實際感受到自己的貢獻，自然就會更加努力。不光是會為了拿出成果而努力，也一定會樂於分享成功事例。在我分享成功事例的時候，我也很想聽到社長或部長誇讚一句：「太棒了！」每當得到那樣的大量回應，我的心情就會變得非常好。

所謂的成功體驗，或許就在於他人的認同，那種成就感，往往會比達成目的時來得更加強烈。若想建構出積極共享成功事例的系統，關鍵就在於周遭的誇讚與認同。

這個部分其實和領導力的Execute（執行，第一一三頁）是相通的，在P&G裡面，能夠讓大家拿出成果的系統建構，和達成企劃同樣備受重視，甚至更為重要。

假設有一位業績卓越的優秀業務員，P&G並不會把那些業績視為他個人的能力。P&G會去澈底了解，為什麼他能創造出那麼高的業績，並且將那些知識系統化。這樣一來，那些知識也能成為其他業務員的養分，進而提高拿出成果的精準度。

找出實現成果的成功法則，系統化的時候，筆記也相當好用。例如，SIMPL

（Successful Initiative Management and Product Launch，成功的計畫管理和產品發布）就是P&G為了成功導入新產品，而在全球推行的標準化程序。做法是從商品開發到市場投入的各階段，明確規範各階段應達成的標準，然後將其內容加以彙整於筆記。

企劃負責人要在各階段，依照該筆記，彙整必要資訊（應該達成的必要條件是否達標），供決策者作為判斷的依據。

曾邀請我舉辦研討會的 Human Network 股份有限公司，是一間約有五十名員工，專辦法人保險的代理商。說到保險業務，大家往往認為保險業務只能仰賴個人的業務能力和敏銳度，但 Human Network 是一間把知識系統化，挑戰組織式經營的出色公司。

他們聘僱員工的標準也十分特別，他們不會選擇經驗豐富，並且已經擁有客戶群的資深人員，而是全面採用無經驗者，並以組織的形式，培養無經驗者的實力，讓無經驗者成為公司的經營夥伴。

這間公司充分運用知識系統化，和提升組織力的做法，就跟P&G的筆記一樣，同樣都是採用公司內部標準化的形式。例如，把成功體驗和失敗體驗，寫成規定的要素（原因和今後的運用方法），並把共享的內容製成手冊，在拜訪客戶後的一小時內，發布「一行字報告」的郵件，建構出能夠透過組織對應的系統功能。

把筆記格式化、標準化的做法，不論在哪間公司或部門，都能簡單實現，而當那個做法在公司內部普遍化後，就會成為讓公司內部更加堅不可摧的成功法則系統。

P&G工作術，高手這樣練成

1　一項企劃完成後，把成功的祕訣、失敗的原因彙整成筆記，然後共享。
2　過去的成功體驗，即便是其他業種、領域，仍應積極應用。
3　只要模仿成功者，就能更快拿出成果。
4　仍要從失敗事例中共享所學知識。
5　截然不同的領域，也可以學習、創造出新的想法或做法。

3　P&G的時間管理：決定不做什麼

你知道自己的時薪是多少嗎？你可以想像，主管的時薪有多少嗎？
時薪可以透過左列的計算公式求出：
年收入÷實際工作日（天）÷一天的工作時間（小時）＝時薪

時間就是金錢

在P&G裡面，時間被視為最重要的資產，具有十分重要的價值。
有時，主管也可能直接這麼說：「付薪水給你，並不是為了讓你浪費時間。」每個人都必須把資源，集中在達成目的所真正要做的事情、非做不可的事情，那些資源當然也包含時間。「思考一下怎麼運用時間吧！」主管經常這麼跟我說，同時也經常問我：「真的非那麼做不可嗎？」、「那是為了達成目的所必要的事情嗎？」

對方的時間也是非常重要的。在職場上，大家都非常忙碌，即便只是一分鐘，也必須先思考一下，那件事情是否值得對方花一分鐘，然後再開口。所謂的價值，在於是否能夠離達成目的更進一步，或是與達成目的相連結。

在進入P&G時，我就被提點過這種問題，不過，我依然不假思索的，直接找周遭的同事或前輩攀談。應該很多公司都是這樣，不是嗎？

沒錯，你當然可以那麼做，但你也必須意識到，自己正在占用別人的寶貴時間。因此，仔細推敲出「最短時間大約是多久？」也是非常重要的事情。

若要推算時間，就必須模擬流程，然後加以推敲。推測如果要得到想要的結果，應該送交什麼樣的資訊，針對哪個部分詳細說明，可能在哪個時間點得到結論。

請求對方安排時間時，要站在對方的角度（顧客導向），明確傳達目的，讓對方覺得把時間安排給自己，是有價值且有意義的。只要尊重對方的時間和方便性，應該就能自然的運用對方的時間。

如果對方是其他公司的人，搞不好必須支付三千日圓或五千日圓，又或者是五萬日圓，才可能獲得寶貴的三十分鐘。尊重他人的寶貴時間，便是管理他人時間時所得到的心得。

為了更有意義的使用時間，決定「不做什麼」

在P&G思考時間管理的時候，除了思考「為了達成目的所必要的事情」，也會強烈要求推敲出「自己不做的事情」。

如果有業務上非必要的工作，或是就算自己不做，仍有其他人可以處理的事情，就應該把時間花費在其他更有意義的事情上面。時間應該集中在業務，或是能夠促使自己成長的事情上面。

因此，主管總會不厭其煩的說，「你必須決定不做的事情」，還要「慢慢把權限下放給部屬或是外部的廠商，並且賦予他們決策權」。

「那些事情真的非妳不可嗎？」、「不能交給（權限委讓）別人嗎？」這是我經

常被主管問的問題。

在許多工作裡面，是不是真的有必要做？是否能帶來成果？對組織營運來說，是否真的需要？如果這些問題的答案都是NO，那麼，這些工作只不過是你早已經習慣的工作模式，這時你就需要有勇氣廢除。

所謂的授權，並不是把工作丟給別人，而是相信對方，可以毫不拖延的推動企劃，同時也是把決策權交給對方。因此，授權其實相當困難。

就我自己的授權案例來說，我曾經請後輩處理部門內部的簡報。

如果是部門內部的話，就算失敗了，所要承擔的風險也相對較低，而且如果可以讓後輩藉此機會練習、累積經驗的話，未來或許就有機會可以授權給他，讓他向主管部門簡報。

可是，雖說是部門內部，但是一旦失敗，就會讓小組的評價、後輩的評價下滑。因此，第一次我會讓他在事前演練多次，等到可以真正完美呈現之後，再讓他正式上場，我會盡可能先讓後輩做好完美準備。

一旦成功，後輩也會湧現出持續努力下去的衝勁和自信，周遭也會因為他的完美簡報而給予認同。所以，授權的人必須要有責任讓對方成功。

在授權的同時，為了避免對方失去所有權和領導權，要在恰當的時機給予良好的建議，幫對方找出正確方向，協助對方做出正確的決斷。有時候，或許會覺得倒不如自己動手做，來得更快一點！

可是，如此一來，對方就不會有半點成長或改變。如果要讓自己百分之百的放開那件工作，專心集中於自己重要的業務，規劃出更多有意義的時間，就必須擁有更強烈的授權意識。

首先，就先從「不重要、沒有我也沒問題」的工作開始重新規劃吧！

比平衡工作與生活更重要的事

在P&G裡面，時間管理不是以量，而是以質去管理。不光是工作時間，私人時間也會考量在內，因為兩者間有著密切關係，是沒辦法分開來思考的。

時間是自己的資產，並且對任何人都是公平的，同樣都是一年三百六十五天，一天二十四小時。那些時間不是屬於任何人的，而是專屬於自己的。反過來說，如何使用那些有限的時間，全都由自己決定。

時間管理的重要關鍵，在於要具有「自己的時間主人就是自己」這樣的所有權與責任感，P&G把這種時間管理稱為「更好的工作和生活管理」（Better work & Better life management）。P&G索性不使用工作生活平衡（Work Life Balance）這樣的名詞。

說到工作生活平衡，往往會傾向於時間的平衡，單純的認為只要不加班就夠了。可是，最重要的是品質。工作也好，私生活也罷，都應該以重要的事情作為優先選擇，拿出成果才是最重要的事情。那就是生活的充實與成長＝更好的工作和生活管理的祕訣。

在P&G的官網上這樣說：「應該基於『充實的生活讓工作更充實；充實的工作讓生活更充實』的理念，以充實工作和充實生活為目標，推動『更好的工作和生活管理』的概念。」

時間管理並不僅限於工作，而是應該更確實的思考自己的生活和人生，透過更具品質的管理，獲得更加充實（包含工作在內）的人生。

P&G倡導「更好的工作和生活管理」，除了工作之外，也非常鼓勵員工充實自己的私生活，因為P&G認為工作和生活之間不光只是平衡，同時也會相互影響。只要生活足夠充實，工作上的動力自然就會高漲，生產性也會提高。

那麼，所謂更好的工作和生活管理，應該怎麼做才好呢？在慶祝期末成果的部門派對上，我曾經和當時的日本分公司社長桐山一憲（前P&G行政委員兼亞洲主席）談過話。

桐山社長原本是業務領域出身，在受命擔任日本分公司社長之前，他在中國擔任要職，之後成了日本第一位分社長（亞太地區代表），終日過著十分忙碌的生活。

因為是業務領域，所以雖然次數比不上其他公司，但仍免不了和公司以外的人往來，而且他又身兼代表亞洲的管理職務，所以他與國外往來，甚至出差的次數也相當多。也就是說，他的時間多半都耗費在交通上，而且，這些工作幾乎都無法迴避。

強烈倡導更好的工作和生活管理的他，在公司內外的評價當然非常高，而在公司內部更是眾人讚揚的好爸爸。

因此，當他問我「有什麼問題？」時，我便不假思索的問：「您是怎麼做到更好的工作和生活管理的呢？」

他停頓一下回答：「好問題！」接著，他詳細向我說明：「誠如妳所知道的，我一直都很忙。事實上，我確實經常不在國內。可是，當我思考到我整個人生時，工作當然不用說，只是在我眼裡，私人時間也很重要，而其中最重要的，是我和家人相處的時間。

「我畢竟只是一個人，能做的事情、時間都十分有限。所以，再怎麼樣都不可能面面俱到。當然也有不能夠捨棄的事情。

「因此，不論是公事或是私事，我都會以絕對必須完成的事情為優先，努力安排時間，盡可能的去完成。就拿工作來說，基於直接和大家對話的目的，我每個星期都一定會努力抽出時間和大家溝通交流；在私生活方面，則是和兒子玩丟接球。

「其實這是我自我反省後所做出的決定。去年，我被工作追著跑，讓家裡的人感到十分孤單、寂寞。所以今年我會把陪伴家人的時間，尤其是陪伴兒子的時間，列為私生活的最優先事項。

「當然，雖然並非每星期都能辦到，但如果這星期有困難，我一定會在下星期或是下個月安排休假，用更長的時間來陪伴家人。多虧如此，雖然工作比過去更忙，不過，工作和私生活方面都比過去更加充實了。」桐山社長的答案深刻的撼動到我。

這就是更好的工作和生活管理的兩個關鍵：

1. 設定工作和生活的各自目的。
2. 以目的為優先，並安排時間。

管理自己的時間

自己初為人母的時候，我經常自問自答，作為一個上班族、一個妻子、一個媽媽來說，這樣的生活真的好嗎？

時間到了，就必須拋下工作的糾結心理，儘管該做的事情都有做，仍然會因為比後輩早一步離開公司而感到內疚；就算飛奔到幼兒園接小孩，仍會有未能妥善照顧好孩子的罪惡感……光是不讓自己加班的時間管理，沒辦法讓我獲得足夠的充實感。

於是，我試著思考更好的工作和生活管理。工作的目的，是在工作時間內拿出成果，而在私生活方面，我決定用笑容面對和孩子一起相處的時光。

在工作上多動點腦筋，讓工作更有效率，不光是不讓自己加班；陪伴孩子的時候，絕對不打開電腦、不去想工作的事情，全心專注與孩子相處的時光。然後，盡可能的展露笑容，就算碰到不順心的事情（沒時間煮飯，只能買便當之類的），也絕對不讓自己心情低落。

更好的工作和生活管理所帶來的最大效果就是「區隔」。和應該做的事情一樣，同樣能明確區分出不需要的事情。如此一來，不僅可以清楚知道優先順序，時間管理也會更加順利。

目的或優先順序會因為人、時間而改變。剛接手一份工作的時候，或是想在工作上拚盡全力的時期，我可以決定長時間投入工作，但有時也會出現應該以育兒或照護等私人生活為優先的時刻。

員工、朋友、丈夫、妻子、兒子、女兒、雙親、地區活動等，每個環節都有不同的作用。該怎麼安排優先順序，分配有限的時間，都應該由自己決定，也只有自己能夠決定。因為自己的時間，本來就是屬於自己的。

許多人會利用 Outlook 等軟體的行事曆功能，管理自己在公司內部的個人行程。在P&G裡，個人行程基本上都是公開的，任何人都可以透過網路、透過行事曆確認對方的行程，然後播打內線電話，或是送交會議邀請等，可說是P&G的日常。

因此，經常到了事後才發現，因為安排會議等關係，自己幾乎沒剩下多少個人時間。為了確保自己的個人時間，我會使用行事曆功能，親自給自己提交會議預約。

如果不利用這種方式排定自己的思考時間或作業時間，就會使自己陷入時間管理的窘境，不是整天都在開會或是與人面談，就是得忙於思考或是彙整文件，導致最後只能靠加班來處理個人的工作。

為避免發生這種情況，就要在全面檢視過企劃後，排定行程，提前幫自己預約必要時間。

所需時間大約要比預估時間多出二〇％，然後從幾點開始到幾點，就用像是正方形那樣的區塊來規劃（像電視節目表那樣的感覺）。這樣就能在視覺上，使所需時間更加明確，提高時間管理意識。

自從決定不加班後，我會固定寄出一封下午六點至晚上十點的會議邀請給自己，刻意把那段時間保留下來。當沒有相同不加班理念的人，看到我的行事曆之後，就不會誤以為「杉浦下午六點後好像有空檔，所以可以送交會議邀請」。

這樣做不僅可以確保私人時間，同時也是告訴自己，為了實現完美生活、完美工作，我必須更加努力。

好好休息，提高工作品質

因為我在P＆G裡面的自我管理做得十分確實，所以申請休假的時候，幾乎不會遭到主管拒絕，而且**部屬比主管早下班也完全不成問題**；相反的，主管反而十分鼓勵大家不要加班，儘早下班，又或者是好好休個長假。

當然，休長假時，必須事先確認企劃進展是否毫無問題，發生任何情況時，是否有另一個人可以代替自己處理（如果代理對象是主管的話，就要確實辦理好交接）。

若希望在工作上拿出成果，絕對需要健康的身心。因此，最重要的就是讓自己好好放鬆和紓壓。

長時間的工作會囤積疲勞，也會犧牲私人生活時間，這樣只會讓自己無法集中工作，造成負面影響。

與其二十四小時、三百六十五天的工作，不如在工作時間內做高品質的工作，我認為這樣讓公事、私事都過得十分充實，反而更能提高成果。

同樣的，盡可能不加班也是公司的方針。到了晚上八點，公司的樓層電燈會自動熄滅（雖然還是可以重新打開，繼續加班，不過會提高員工「該回家了」的意識）。

加班情況偏多的時候，必須和主管討論，為什麼經常加班，同時做出改善。是工作方式有問題嗎？做了一些多餘的工作嗎？工作量太多嗎？從中仔細找出原因，並採取必要行動。在那段期間，人事部門會緊盯著這個區域，促使那個部門更積極的採取作為。

另外，就P&G的風潮來說，還有一種利用午餐時間完成工作，藉此避免加班的做法。可是，就工作的效能或品質來看，適當的休息是必須的。

和加班一樣，每到十二點的午餐時間，公司的樓層電燈就會瞬間熄滅。有時可能正好跟客戶在公司內部開會，突然熄燈可能會嚇到客戶，不過公司還是會毫不猶豫的關掉。

對時間管理術來說，確實掌握身心靈的休息時間，也是非常重要的事。

嚴守關鍵路徑時程

在P&G裡，企劃時程被稱為關鍵路徑時程（Critical Path Schedule，簡稱CPS），由小組全員澈底管理。面談的時候，就跟必定確認目的一樣，同樣會確認關鍵路徑時程的情況、什麼時間之前一定要完成？

關鍵路徑時程是P&G用語，簡單來說，就是管理企劃的進度和日期，明確載明在日期之前應該達成什麼的行程表。

我記得進入P&G的時候，公司就馬上向我說明關鍵路徑時程：「表面看起來似乎就只是單純的時程或截止日，但在我看來，關鍵路徑時程卻具有另一種更強烈的含意，就是如果沒有在期限內完成，便會發生嚴重的事情，例如商品無法發售之類的，就像是危機管理的期限那樣。」前輩是這麼跟我說的。

就以製作目錄的情況來說明吧！

目錄必須製作完成的日期是八月十日，印刷需要花費十天的工作天，如果加上交貨日程，最慢要在七月二十八日開始印刷。因此，必須在二十六日之前敲定最終設計……以這樣的方式倒推時程。

這個時候，關鍵路徑時程便敲定「八月十日目錄送達、七月二十八日開始印刷、七月二十六日確定設計」。

只要根據倒推的時程，就可以看清楚企劃的整體，由於設定時程時沒有半點浪費，所以一旦拖延到其中一個時程，就會拖延到整體，不光是自家公司內部，就連公司外部或廠商都會感受到壓力。

和一般的行程表相比，只要一提到關鍵路徑時程，大家就會繃緊神經，告訴自己絕對不能拖延期限，必須在期限內完成的意識就會變得強烈。擬定企劃時，一定要整個小組一起討論關鍵路徑時程，達成協議後再開始推動。

順道一提，就如前面所陳述的，P&G的小組是多功能（多部門）小組，由多數人才組成。即便處於相同公司，不同部門仍會有不同部門的文化或工作方式，各自的專業領域就像黑盒子一般，什麼樣的工作需要花費多少時間，只有他們自己知道。

如果不將這些納入考量，擅自擬定時程的話，應該沒有任何人會想參與其中，甚至是擔負責任。所以，企劃開始時，大家應該一起坐下來討論必要的工程和時間，規劃出達成企劃的最佳關鍵路徑時程。因為是全員協議，所以也能提高責任感。「絕對必須嚴格遵守關鍵路徑時程」的小組意識，就能實現企劃的最佳時間管理。

縮短會議時間

在時間管理當中，會議所花費的時間是最多的，因此，精簡會議時間，應該是許多人的課題吧！

P&G也有許多會議，我負責許多品牌，也經常有整天泡在會議室裡面開會的情況。讓會議更有效率，是每一個員工的課題。

有兩種方法提高生產力：

1. 減少多餘的會議。
2. 不要浪費會議時間。

這兩種方法的目的都是「釐清會議的目的」，這便是精簡會議的關鍵祕訣。「那個會議真的有需要嗎？」當自己是會議召集人，決定召開會議時，要先思考開會的目的是什麼（希望透過會議得到什麼結果）？為了達成目的，是否真的需要這場會議？搞不好只要和主管或同事一對一對話就可以解決，又或者透過電子郵件溝通就可以搞定。

會議應該僅限於必須共同討論的項目。被召集的人則要確認會議的目的、自己被期望扮演什麼樣的角色。並不是被邀請，就一定非出席不可，自己可以自行判斷，是否真的有必要出席；又或者自己不出席也沒有關係，只要部門內的某人代表就可以了；又或許在自己的工作當中，會議的優先順序較低，沒辦法花一小時在會議上。

那個時候，可以採取這樣的回應：「我沒辦法出席會議，不過，如果可以給我資料的話，我會事先提出必要的建議或是意見。」、「我可以另外利用午餐時間提供建議。」如此一來，不需要花費一小時，只要十至十五分鐘就能解決。

P&G幾乎沒有早知道不要出席，或是毫無意義的會議。因為P&G有標準化的基本會議程序，所以不論任何人都可以規劃出有意義的會議。

P&G的會議流程是這樣的：

1. 在會議開頭共享目的、所需時間和背景資訊（若是長時間會議的話，還必須傳達議程和章程）。

例如：今天的會議目的，是提出前所未有的全新點子。希望徵求各種不同的觀點和發想，所以才會邀請所有部門的各位聚集在此。總之，請大家多多提出你們的想法。這場會議大約需要兩個半小時，最後希望大家可以選出三個方案。

剛開始的三十分鐘是說明企劃概要，接下來是一個小時的小組討論，然後，各個小組有三十分鐘發表，最後二十分鐘總結（討論的摘要）。請各小組互相討論，以便在各小組發表的時候，可以發表出一至三個點子。那麼，現在開始。

2.會議內的心得和引導。

讓會議集中於目的、不否定、不攻擊任何人的意見，進行有建設性的正面討論、妥善安排，使所有列席者適當發言並參與、彙整、確認結論。

3.最後，確認之後的行動步驟（以這場會議為基礎，誰應該在什麼時間之前做什麼事）。

以會議目的作為開端並共享，便是最重要的祕訣。為什麼？因為目標明確，所有的討論都會變得有建設性，而所有人都朝相同方向，偏離目標的情況也會減少。

萬一偏離主題，同時也討論得十分火熱的時候，仍可以馬上提出，「今天的目的是解決課題的對策，所以那些話題就留到以後再說吧！」藉此把大家拉回正軌。排除與主題無關的意見或討論，就可以消除不必要的時間。

結果，當全員能達成在時間內獲得結論的共識，會議就會變得十分精簡，使小組團結一致，有效率的在時間內結束，並有效導出結論的三倍效果。

P&G工作術，高手這樣練成

1 計算自己的時薪，了解時間價值。
2 為了有意義的使用時間，決定不做的事情。
3 在公事與私事上，分別決定各時間絕對要完成的事，並盡可能安排時間。
4 只有自己能夠管理自己的時間。
5 為了確保自己的時間，預約自己的行程。
6 休息時好好休息，提高工作的品質。
7 會議的時間在於重新評估目的與程序，並澈底精簡。

4 管理你的主管，和主管的主管

「管理主管也是部屬的工作。」在P&G初聽聞的時候，第一個念頭是「居然還有這樣的想法」，感覺十分新奇。

在之前的公司裡，大家都認為，管理應該是主管對部屬的工作。為了達成小組的目的，如果有必要，就必須自發性的採取思考或行動，借助主管的力量或是促使主管採取行動。

藉由討論，採取主動

工作的時候，經常因為沒有主管的指示，或是主管遲遲不核准，而必須等待主管的指示或行動。與其等待主管指示，不如自己先行思考，再和主管討論、推動工作。為了在適當的時機獲得主管的決策，就要巧妙的簡報給主管、確保時間，或是在背後稍微推上一把。

應該採取的做法是相連報（按：此為日本用語，意思為相互討論、聯絡、報告），而不是報相連（報告、相互討論、聯絡）。如果以報告為優先，畢竟主管是管理者，這個時候，只能耐心等候指示，是否能夠依照報告辦理；相對之下，如果從討論開始，就會以自己想做的事情或想法為優先。

透過討論，和主管一起決定好方向後，就能一邊對逐次狀況聯絡，一邊接受主管的協助，最後達成報告。只要從討論開始，就能產生較強烈的目標達成意識，同時推動的人也是自己，就能培養出領導力與責任感。只要有這樣的意識，管理主管的想法應該也就不難了。

讓主管只要回答YES或NO

「我只需要回答ＹＥＳ或ＮＯ！」我經常聽到主管說這番話。不管你是新人或是資深員工，冗長的談話內容，對主管來說，都是不可饒恕。這時，主管會拋出這樣的話，「我能給你的回答只有ＹＥＳ或ＮＯ而已。所以，你真的確實思考過嗎？你是怎麼想的？為什麼會有那樣的想法？」

不光是和主管討論的時候，在取得主管核准，或是請主管確認資料的時候也一樣，都應該事先深入思考、仔細評估，直到答案精簡到只剩下ＹＥＳ或ＮＯ，再提出。例如，「關於包裝設計的問題想跟您商量一下。現在，小組的意見分成Ａ和Ｂ兩個選項。Ａ選項的優點是可以一眼看出產品的用途，卻有難以區分效果、效能的風險。Ｂ選項則是相反。

「以我個人來說，如果以這次的改版目的來看，Ａ是最恰當的。這次的目的是讓消費者清楚知道該選擇什麼，所以Ａ的形象比較符合。當然，能夠了解效果、效能的部分，也是選擇時的重要要素，所以Ｂ選項的呼聲也很高。

「可是，根據前幾天的消費者調查，結果還是以用途為優先，所以效果、效能方面會再稍微強調一下，不過基本上我還是想朝A的方向去推動。您覺得怎麼樣？」就像這樣。

討論時也是這樣，「現在意見分歧，該怎麼辦？」這樣提問是不行的。這個時候必須傳達的，是作為判斷用的所有要素和意見，還有自己個人的看法。如果沒有那麼做，主管的第一句話就會是：「那你有什麼看法？」

對部屬來說，應該經常以讓主管開口說出「YES」為目的。

把主管當成珍貴資源有效利用

「主管是公司給我們的寶貴資源、資產。」P&G的這種想法也令我嚇了一跳。

如果把主管定調為管理者，就不會浮現出如何有效利用主管的方法，而且主管也會成為麻煩的存在。

主管也是小組成員，這樣來看，主管與部屬是對等的，差別只在於職務和責任範圍而已。只要客觀的把主管當成一種資源，然後巧妙的靈活運用，就可以發現主管的職務和責任的意義、主管所具有的知識或技能等，各式各樣的要素。在這種情況下，主管本身也會非常樂意接受自己的個人能力，能夠獲得部屬認同。

協助部屬是主管的職務，同時也是責任，但是，我們不應該把它視為理所當然，而應該感謝他讓我們當成珍貴的公司資源使用。

主管的時薪一直是高於部屬。公司支付時薪給主管，而主管幫助我們實現自己的成果，這種情況就等於是我們從公司免費取得主管這個資源。所以，我們必須有效運用主管的時間。

希望借助主管的力量時，「關於現在正在推動的企劃案，我想跟您報告一下現況，不知道在這個星期四之前，是否可以請您預留十五分鐘的時間給我？」必須像這樣，提前請主管預留時間。

沒有充分釐清目的和所需時間的人，就沒辦法在必要的時機，取得主管的意見或了解，必須等到企劃進展到一個段落之後，再回頭討論，或是從頭開始來過。

爭取與主管溝通的機會

Ｐ＆Ｇ採取的是全面考核，所以，就跟主管給予部屬適當的意見回饋或建議，鼓勵部屬成長一樣，部屬也會給予主管適當的意見回饋，主管也會隨之成長。

雖說主管擁有絕對的權力，但是，主管的發言未必全都是正確的。主管也未必是完美的。因此，和主管意見相左或是有衝突的時候，未必要按照主管的話去做不可，而是應該毫不畏懼的要求主管採取正確的做法。

正確做法是指符合任務或行動方針，促使達成目的的正確事情。有時也必須把另一個主管，也就是主管的主管拉進來參與其中，Ｐ＆Ｇ十分鼓勵那樣的做法。

記得剛進入公司時，主管就曾經這麼跟我說過：「不管是工作上的課題，或是我私人相關的課題，都希望妳不要客氣，盡量給我意見回饋。如果那樣還是無法解決問題的話，也可以越過我，直接找上面的主管商量。或是，如果我們彼此的關係讓妳感到煩惱，很難跟我開口、找我商量，又或是希望有更多不同意見的時候也一樣。因為解決問題、達成目的，還有杉浦的心情，才是最重要的。」

對此，我當下的反應是，「啊？可以這樣嗎？」找主管的主管商量，就像是種背叛主管的不誠實行為，感覺似乎缺乏道義。

和主管意見相左的時候，「請問可以找個時間坐下來談談嗎？」可以像這樣，向小組或主管的主管，徵求意見或是客觀的判斷。大家一起坐下來，打開天窗說亮話，是非常公平的解決方法，或者，也可以單獨請主管的主管排出時間，以會議或是午餐等形式，聽取對方的意見。

為爭取與主管的主管，或是更高層的主管溝通的機會，每次在走廊等地方和他們擦肩而過的時候，我都會開朗的開口問候，讓他們記住我的長相。然後，有過一、兩句話的交談經驗之後，下次就會變成站在走廊上對話，這時候就可以提出午餐邀約，甚至主動詢問：「方便找您商量一下嗎？」藉此增加談話機會。

位居高層的人，都會希望了解後輩的意見或是想法。不要畏懼、害怕，試著溝通、交流看看。我之前在P&G陷入危機時，幫助我的人就是主管的主管，或是更上面的主管。

靈活運用主管的七種力量

只要把主管的能力當成「協助自己實現想做的事情的資源」，當自己希望得到協助的時候，就要想起七種力量。

具體來說有下列七種：

1. 實現夢想的力量：陪伴自己一起思考職涯的實現，協助自己達成目的。
2. 開發能力的力量：在平常及考核時，幫自己評估、發展成果或能力。
3. 處理糾紛的力量：幫忙處理客訴，或在發生問題時挺身而出，出面道歉。
4. 監督責任的力量：為了推動事情的發展，給予批准並背負責任。
5. 免費建議的力量：讓自己在身邊學習，給予自己建議或意見回饋。
6. 廣大人脈的力量：介紹公司內外的大人物給自己，或者幫忙斡旋（上層的裁決等）。
7. 擴大機會的力量：參與主管的工作，贏得參與更大規模工作的機會。

把主管當成達成目標的協助者，好好善用吧！

若希望巧妙的誘發出七種協助的力量，首先，就要先了解自己需要什麼樣的資源，只要能夠在尊重那些能力的同時，妥善做好交流、溝通，就可以誘發出自己所希望的協助力量，充分發揮能力，並達成目的。

有一點絕對不能忘記，主管也是人，主管也有情緒，也需要私人時間或工作以外的生活。「他是主管，做這些事情都是理所當然的」，絕對不能有這種過分依賴的想法，好好的尊重主管的職責和能力。最重要的是，「謝謝您提供的協助」，請懷著感謝之情，確實傳達感謝之意。

P&G工作術，高手這樣練成

1 與主管討論，藉此帶入自己的工作。採取相連報（相互討論、聯絡、報告）而非報相連（報告、相互討論、聯絡）。

2 精簡問題，讓答案只剩下YES或NO。

3 主管是公司提供給自己的令人感激的資源。

4 跟主管的主管也要巧妙的交流、溝通。

5 善用主管擁有的七種力量。

後記
方法很簡單，人人都能辦到

Ｐ＆Ｇ是一間很不可思議的公司。最令人訝異的是，原以為全球知名的這間企業應該是無人不知、無人不曉，沒想到居然還有很多人不知道Ｐ＆Ｇ這間公司（其實還挺不好意思的，在進入公司之前，我也不知道Ｐ＆Ｇ。收到轉職挖角的時候，對方的開場白是「想不想來做 SK-II」）。

可是，就算大家沒有聽過Ｐ＆Ｇ，但在聽到風倍清、SK-II、百靈、幫寶適等品牌名稱時，肯定都會回應「聽過」、「用過」。演講時，只要詢問「誰曾使用過風倍清？」幾乎百分之百的人都會舉手。

明明有許多人熱愛這些品牌，大家卻不認識創造出那些品牌的卓越公司和員工，感覺挺空虛的。「想讓更多人認識Ｐ＆Ｇ！」基於這種想法，我才會寫出這本書。為什麼？因為P&G是一間全部員工都十分真誠實踐顧客導向的卓越公司，甚至不輸給因為顧客導向，而聞名的迪士尼或麗思卡爾頓酒店。

更具體來說，從我身在P&G時，就已經很想把P&G的卓越之處介紹給大家。因為我覺得，只要可以學會P&G所推行的，簡單且任何人都能辦到的成功法則，就有更多人能快樂工作、快樂生活。基於這個想法，現在我便以P&G的顧客導向和品牌創造為基礎，從事人才培訓與市場行銷顧問。

請大家務必善用本書所介紹的P&G工作術，在每天的工作上、私人生活上，拿出DELICE（法語的意思是無上的幸福）成果。就算一個也好，只要能夠增加那樣的人，我就非常開心了。

最後，我要衷心感謝在編寫這本書時，百忙之中抽空給予我協助的前主管，同時也是P&G日本（股）的辻本由起子董事，以及在回憶的同時，給予我許多建議的P&G的朋友們。

參考文獻

- 《什麼真正重要：服務、領導、人和價值》（*What Really Matters: Service, Leadership, People, and Values*，暫譯）約翰・派伯著，耶魯大學出版社（Yale University Press）
- 《P&G致勝久久法則：P&G成功的九十九條原則和實踐》（*Winning with the P&G 99: 99 Principles and Practices of Procter & Gamble's Success*）查爾斯・L・德克（Charles L. Decker）著，口袋書店（Pocket Books）
- 《創新者的致勝法則》（*The Game-Changer: How You Can Drive Revenue and Profit Growth with Innovation*）雷富禮、瑞姆・夏藍著（天下文化）
- 羅盛諮詢公司對全球領袖之鮑伯・麥唐納的採訪（Interviews with Global leaders with Bob McDonald by Russell Reynolds associates）
- 《日經WOMAN》網站，二〇一一年十一月十八日
- P&G總公司（www.pg.com/）及P&G日本（jp.pg.com/）官方網站

國家圖書館出版品預行編目(CIP)資料

P&G 工作術，高手這樣練成：一句話、一張 A4 紙，一年就從全身菜味，提升為《財富》雜誌評比世界第一流的人才。／杉浦莉起著；羅淑慧譯. -- 初版. -- 臺北市：大是文化，2020.08
208 面；14.8×21 公分. --（Biz；331）
譯自：1 年で成果を出す P&G 式 10の習慣
ISBN 978-957-9654-94-4（平裝）

1. 美國寶鹼公司（Procter & Gamble Company）
2. 職場成功法　3. 日用品業　4. 企業管理

494.35　　109006435

Biz 331

P&G 工作術，高手這樣練成

一句話、一張 A4 紙，一年就從全身菜味，
提升為《財富》雜誌評比世界第一流的人才。

作　　者／杉浦莉起
譯　　者／羅淑慧
責任編輯／林盈廷
校對編輯／張慈婷
美術編輯／張皓婷
副 主 編／馬祥芬
副總編輯／顏惠君
總 編 輯／吳依瑋
發 行 人／徐仲秋
會　　計／林妙燕、陳嬅娟、許鳳雪
版權專員／劉宗德
版權經理／郝麗珍
行銷企劃／徐千晴、周以婷
業務助理／王德渝
業務專員／馬絮盈、留婉茹
業務經理／林裕安
總 經 理／陳絜吾

出 版 者／大是文化有限公司
臺北市 100 衡陽路 7 號 8 樓
編輯部電話：（02）23757911
購書相關資訊請洽：（02）23757911 分機 122
24 小時讀者服務傳真：（02）23756999
讀者服務E-mail：haom@ms28.hinet.net
郵政劃撥帳號 19983366　戶名／大是文化有限公司

法律顧問／永然聯合法律事務所
香港發行／豐達出版發行有限公司 Rich Publishing & Distribut Ltd
地址：香港柴灣永泰道 70 號柴灣工業城第 2 期 1805 室
Unit 1805, Ph. 2, Chai Wan Ind City, 70 Wing Tai Rd, Chai Wan, Hong Kong
電話：21726513　傳真：21724355
E-mail：cary@subseasy.com.hk

封面設計／柯俊仰
內頁排版／顏麟驊
印　　刷／鴻霖印刷傳媒股份有限公司

出版日期／2020 年 8 月初版
定　　價／新臺幣 340 元（缺頁或裝訂錯誤的書，請寄回更換）
ISBN　978-957-9654-94-4